Spatial Temporal Information Systems: An Ontological Approach Using STK

时空信息系统：
使用 STK 的本体论方法

［美］琳达·麦克尼尔　Linda M. McNeil
［美］凯尔索　T. S. Kelso

朱彦伟　张元文　许　松　胡佳鑫　译

国防工业出版社
·北京·

著作权合同登记　图字：军－2015－254 号

图书在版编目（CIP）数据

时空信息系统：使用 STK 的本体论方法/（美）琳达麦克尼尔（Linda M. McNeil），（美）凯尔索（T. S. Kelso）著；朱彦伟等译．—北京：国防工业出版社，2017. 5
书名原文：Spatial Temporal Information Systems：An Ontological Approach Using STK
ISBN 978-7-118-11325-9

Ⅰ. ①时… Ⅱ. ①琳… ②凯… ③朱… Ⅲ. ①人造卫星－设计－应用软件 Ⅳ. ①V423. 4

中国版本图书馆 CIP 数据核字（2017）第 083723 号

※

国防工业出版社 出版发行

（北京市海淀区紫竹院南路 23 号　邮政编码 100048）
三河市众誉天成印务有限公司印刷
新华书店经售
*
开本 710×1000　1/16　印张 16¼　字数 272 千字
2017 年 5 月第 1 版第 1 次印刷　印数 1—2000 册　定价 149. 00 元

（本书如有印装错误，我社负责调换）

国防书店：(010)88540777　　发行邮购：(010)88540776
发行传真：(010)88540755　　发行业务：(010)88540717

译　者　序

卫星工具包(Satellite Tool Kit,STK)是美国分析图形有限公司(Analytical Graphics, Inc. ,AGI)于1989年推出的一款高保真度的建模与仿真工具包。经过几十年的发展和完善,STK已在航空航天任务分析与设计中得到了普遍应用,是目前为止最强大的航天分析软件包,其精确的分析能力可用于解决当前最具挑战性的航天问题,在某种程度上成为了业内标准。此外,STK还能用于地球空间领域的多跳通信等四维分析。有鉴于此,AGI已经将卫星工具包更名为系统工具包(Systems Tool Kit,也称STK)。

STK提供地球空间物理、各类天球引力、大气飞行/轨道运动动力学等多种环境支持,可以快速方便地分析与基础航天动力学相关的复杂的陆、海、空、天、电任务,涵盖空间环境、卫星、雷达、通信、导航、电子对抗、导弹、空间飞行器、深空探测等方面的仿真分析与评估。STK支持航天任务周期的全过程,包括政策、概念、需求、设计、制造、发射、运行和应用等,其出色的图形能力及文本报告功能简化了分析工作和最佳方案的确定。STK版本已多次升级,并经过了多种任务的验证,其精确性和可靠性得到了认可,值得信赖。

2013年10月,CRC出版社出版了 *Spatial Temporal Information System: An Ontological Approach Using STK* 一书,其作者为AGI高级工程师Linda M. McNeil,具有丰富的STK开发和使用经验。与一般的STK书籍侧重于介绍STK具体应用不同,该书从本体论的思路与方法出发,系统介绍了STK软件的体系框架结构、模块内在联系以及时/空耦合系统等,视角独特,启发性强。波音公司、通用动力公司、通用电话与电子公司、休斯公司、劳拉公司、约翰·霍普金斯大学应用物理实验室、洛斯·阿拉莫斯国家实验室、洛克希德·马丁公司、NASA、美国国家安全局、洛克韦尔公司以及美国陆、海、空军等单位的训练官、作战官、研究员、工程师、分析师、教师等用户都对该书给予了高度评价。

本书由基础篇、对象篇、工具篇、输出篇四部分构成,共20章。第一部分基础篇共3章,简单介绍了STK图形用户界面(GUI)、明确STK基本组成、指导用户建立一个场景。第二部分对象篇共9章,详细介绍了STK基本对象,包括区域目标、固定对象、移动对象、飞机、卫星、高级卫星、子对象、星座等,重点是定义对象的位置和其他属性，尤其是对象约束的确定及其对后续分析的影响。第三部分工具篇共7章，主要论述如何开展可见性分析、事件检测和信号评估等。第四部分输出篇共1章，讨论如何利用静态图形、动态图像、报告、图表等对数据源进行展示。此外，本书还提供了3个附录。

本书第1~10章和附录由朱彦伟、许松翻译，第11~20章由张元文、胡佳鑫翻译，全书由朱彦伟、张元文进行统稿和审校。此外，彭望琼、孔艳飞、陈瑞、曾鑫等为本书的翻译做了大量工作。本书翻译得到了国防科技大学杨乐平教授、中国科学院力学研究所张珩研究员、国家航天侦察局徐雪仁研究员和国防科技大学航天科学与工程学院领导的大力支持，在此一并表示感谢。

本书可供从事航空航天任务分析与设计的工程技术人员参考，也可作为高等院校相关专业高年级本科生、研究生以及广大 STK 软件用户的参考读物。由于译者水平有限，不妥之处敬请读者批评指正。

译者

2016 年 9 月于长沙

序　言

当我坐在弗吉尼亚州瓦勒普斯岛上的任务控制室,在大屏幕上观看火箭发射时,这一切仍历历在目。几分钟后,NASA 戈达德航天飞行中心的发射司令官和办公室主任杰·皮特曼就利用 STK 软件将这一发射过程建模并演示了出来。毫无疑问,我完全被这种物理动力学分析震惊了。这就是火箭科学,能分析火箭本体和周边物体,直观形象,吸引力强。此后不久,我便发现了生活的新乐趣,开始全身心投入利用 STK 软件开展时空信息系统建模与仿真的世界。

随后,我在 Salisbury 大学攻读地理科学硕士学位时,我才意识到 STK 软件的强大能力,但却始终无法找到现成的入门手册。毕业前夕,我很荣幸进入了美国分析图形有限公司(AGI)工作,成为了一名地铁直流技术培训师。在这里,我更坚定了自己的想法,因为客户不断地跟我说他们是多么希望能有这样一本工具书,引领他们在 STK 的世界畅游,这也就是编著这本书的初衷。

近十余年来,研究地球空间的人们一直在四维分析学的世界里探寻答案,正是这一需求,促成了 2011 年在华盛顿西雅图由美国地理学家学会主办的时空研讨会。在那次全会上,道格拉斯·理查森和迈克·古查尔德博士做了奠基式的工作。从古至今,人们对空间关系的研究采取了各种各样的方式,本书可以归为制图评估的范畴。而把时间这一维度加进来,我们就能更好地理清这些关系,以及当这些关系发生变化时把握物体的形状。但我们究竟如何描绘它们?是动态变化的还是有因可查的?2011 年 4 月 13 日举办的时空研讨会上,理查森做的报告将其总结为"时空分析的五大挑战":

- 时空模型
- 时间标度
- 本体论
- 实时/实景交互
- 分析工具

有趣的是,当我听到这五大挑战一再被提及时,我马上意识到 STK 可以很好地解决这五个问题,同时也凸显了我们需要为科学家提供更多材料的紧迫性,这样人们才能了解时空信息系统和 STK 软件框架。STK 不仅仅服务于火箭方面的科学家,也服务于地理学家、天体物理学家、工程师、学生,以及任何想一探物理问题究竟的人们。尽管目前还有其他形式的时空信息系统,但只有 STK 能最好地体现本体关系的关联性。

自 1989 年面世以来,STK 主要应用于卫星和航天领域,而地理空间领域的学者从整体上来说对 STK 还是知之甚少。近十年来,STK 软件不仅能开展卫星工具包(Satellite Tool Kit)四维分析,而且还成为分析完整多跳通信和其他本体四维类型的主要软件工具。因此,AGI 公司赋予了这个软件一个新名字:系统工具包(Systems Tool Kit)。

本书的目的并不是教会读者怎么使用这一软件,AGI 公司有专门的免费课程教授这个,并且知识点很多。本书是对 STK 软件展开研究,这也很容易引申到学习其他软件,最终了解这些软件系统分析事物的方式。因此本书中涉及的算法并不多,借此希望能为工程背景的大学生和研究生提供一本高层次、易理解的工具书,从而更充分地从本体论视角了解时空信息系统。我们希望本书的读者有一定物理学或工程学知识,这样才能完全理解本书中的一些概念;本书也可作为分析学者查询资料所用的资料书。未来一定会有更多概念上更深入、选题上更集中的 STK 书籍面世,但本书作为开篇之作,是从本体论出发对时空信息系统进行的研究,具有一定奠基式意义。

在我学习 STK 的多年里,我开始了解 STK 软件能如何成功应对上述时空分析的挑战;当我开始在 AGI 公司任教,我会用一些词语来描述 STK,其中最喜欢的是一句广告语"等等,更精彩的在后面!",用于描述 STK 真是再恰当不过了。STK 不仅仅可用于火箭、卫星或航天领域,也能处理通信、飞机、地面设施、船只建模等,可以说具备基于时间甚至实时处理所有这些事务的能力。STK 绝对可以称为"成年人的视频游戏"。我的导师和挚友迈克·斯科特博士曾经说过:"STK 是世界上最性感的软件",这一点我完全同意,希望你也会同意。

致　谢

我想象不出有人能独立完成这样一本著作，这需要合作与知识传递。所以，我非常感谢为本书提供过帮助的那些人。本书为您、您的朋友以及那些需要类似 STK 时空信息系统的人们而写。

T. S. Kelso 博士：作为本书的合著者和合作者，Kelso 给出了本书的指导、意见，以及更多的内容。我一直很享受与 Kelso 一起工作。他是聪慧的、风趣的，特别是他是一个真正的天体物理学家。感谢您，T. S. Kelso，您为本书做了大量的工作。感谢您在繁忙的工作之余所花的时间。您进行关联分析、讨论会以及永不终结的计算机编程，您的工作是令人吃惊的。有好几次，我希望我有了博士学位，并且从事您的工作。

Paul Graziani：Paul 是 AGI 公司的共同创始人和 CEO。他深知本书的必要性，并且在背后给予了大量支持。没有他的帮助，本书是不可能完成的。不论是我个人，还是那些公司员工，AGI 都是最亲切的。它已经成为我最喜欢工作的地方之一。感谢您给了我这段经历。

Vince Coppola 博士：我喜欢学习。当你在 Vince 周围时，你就处在了一个连续的学习环境。我最喜欢的事情之一就是到 AGI 公司三楼后面的房间，与 Vince 和 James Woodburn 博士一起探讨。Vince 花了大量时间告诉我 STK 在逻辑上是如何运行的。许多这些信息都是本书的精华。他对算法、功能和物理学的精通帮助我理解如何将大量的物理学应用到时空信息系统中。在系统中他最喜欢的应用是"插值"。我在 AGI 工作期间，Vince 与我合作撰写了一本白皮书《时空分析论》(Spatial Temporal Analytics)。这本白皮书就是本书的基础。感谢您，Vince。您非常优秀！

AGI 的其他同事：Joe Sheehan, Frank Linsalata, Todd Smith, Karen Haynes, Jonathan Lowe, Ed Gee, 还有很多，在此不一一列出。感谢你们所做的一切。正是由于你们的工作，火箭科学才不难理解。

最后，但是最重要的，是感谢我的丈夫 Warren McNeil。Warren 容忍了本书。本书占用了我们大量的个人时间。当你有闲暇时间时，与配偶一起度过这些时间是非常珍贵的。感谢你的理解、关爱和支持。我非常高兴能够嫁给你。

关 于 作 者

  Linda McNeil，地理信息系统和公共管理硕士，目前担任星系探测联盟的执行主管，该联盟是一个非营利性的天基 STEM 教育项目。之前，她是 AGI 公司的技术培训师，其主要工作是训练从业人员如何在多种环境下使用 STK，服务对象包括美国国防部、Intel 公司、NOAA、NASA 等单位。她拥有马里兰 Salisbury 大学的地理信息系统和公共管理硕士学位。在过去的十年，Linda 一直从事地理信息系统和其他信息系统方面的工作。她具有 25 年的计算机科学系统的从业经历。

  T. S. Kelso，博士，著名卫星轨道专家，目前担任 AGI 研究机构空间标准和创新中心（CSSI）天文动力学高级研究员，该机构旨在增强公众的空间信息意识。他也是一家致力于跟踪空间目标（含碎片）、监视在轨碰撞的网站 CelesTrack 的网络管理员。Kelso 博士是服役 31 年的退役空军上校，担任过科罗拉多州彼得森空军基地空军航天司令部空间分析中心的第一任主任，领导了所有的国防部分析中心支持"哥伦比亚"号航天飞机事故调查；担任过 NASA 近地目标科学定义小组的成员；并且与麻省理工学院合作为哈勃空间望远镜提供轨道模型。在他的职业生涯中，他曾在航天动力学领域从事过大量的教学工作，在研究、分析、探测、开发、操作和咨询等方面拥有丰富的经验。他也是 AIAA 会员。

目　　录

第1篇　基　础　篇

第 2 篇　对　象　篇

第3篇　工　具　篇

第 4 篇　输　出　篇

第 1 篇

基 础 篇

第1章 时空信息系统基础

本章要点：

- 什么是 STK
- 相关基本概念
- 本体论简介
- STK 对象简介
- STK 工具简介

1.1 引言

时空信息系统(STIS)是一种新兴的用于空间分析的计算机系统，融合了传统地理信息系统(GIS)及建模仿真技术，通过对象在环境中的位置、动态时间间隔、本体论(对象关系)、实时或真实世界建模以及分析工具进行定义。本书的重点在于从本体论的角度揭示 STIS 的工作原理，并通过分析评估环境中的对象和工具来建立 STIS 的本体论关系。因此，本书不太关注具体算法的应用，而是侧重于对象与工具之间的关系分析，即 STIS 中的本体论研究。开展相关研究所采用的软件是分析图形公司(AGI)的系统工具包(STK)。

STIS 是一个聚焦位置和时间的空间分析系统。正如 ESRI 的 Arc 软件采用 GIS 架构，AGI 的 STK 软件采用 STIS 架构。本书以 STK 使用为主线，阐述了 STIS 分析实例，即如何综合利用对象和工具来展示对象的时空关系。本体论方法有助于理解对象和工具的关系，本书通过对象、工具和输出三部分进行阐述，这正是本书的价值所在。

STK 是一款高保真的建模与仿真(M&S)工具，允许分析师和工程师对陆上、海面、水下、空中和太空对象的时空关系进行建模。对于仿真环境中每个对象的属性定义以及如何实现平动/转动，STK 提供了易于使用的框架，使得用户可随时深入研究对象之间的关系。

与其他高保真工具一样，理解和掌握 STK 是一个挑战。AGI 公司针对 STK 用户提供了系列培训课程，但一周的时间只能了解 STK 的皮毛。世界各地的大学课程,旨在帮助用户理解和运用软件。本书对行业用户和大学生均具有重要的参考价值,可帮助用户更好地理解 STK 工作机理以及任务数据的重要性。本书拓展了 AGI 公司的培训课程,更多地利用本体论思想,从计算机科学视角来解释 STK 是如何运行的,是一本基础性的参考工具书。本书写于 STK 9.2.3 版本发布到 STK 10 即将发布期间,尽管本书采用超越版本和软件水平的通用方法来表述 STK,但是所有关于对象属性和软件能力的解释全部基于 STK 9.2.3 版本。

　　本书分为基础知识、STK 对象、STK 工具和输出四部分,如图 1.1 所示。第一部分包括 3 章,简单介绍 STK 图形用户界面(GUI)、明确 STK 基本组成、指导用户建立一个场景。第二部分详细介绍 STK 基本对象,重点是定义对象的位置和其他属性,尤其是对象约束的确定及其对后续分析的影响。第三部分主要论述如何开展可见性分析、事件检测和信号评估等。第四部分讨论如何利用静态图形、动态图像、报告、图表等对数据源进行展示。

从时空信息系统的角度理解 STK

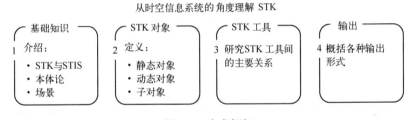

图 1.1　本书框架

1.2　STK 基本概念

　　STK 软件拥有强大的分析功能,可帮助工程师和分析员开展地球表面物体与空间目标的可见性分析。对此,某航天公司评价其"连通性和可见性的计算精度可被高度信任"。

　　STK 是一种能够在特定时空背景下进行对象位置建模的时空信息系统。对象动态交互和事件检测工具使得用户可以评估各种对象之间的动态相互关系。相比其他建模仿真软件,STK 的优势在于动态事件检测、分析评估的制图输出、视频制作、图表报告打印等功能。通常,STIS 被定义为包含时间分析要素的专用时空信息系统,具备对象事件预测、三维场景显示和制图输出功能,如图 1.2 所示。

　　STK 界面提供了创建对象和应用工具的简单方法。STK 中的对象和工具采用物理建模方法,在各种坐标系下分析解决特定时间步长内的问题。时间区间

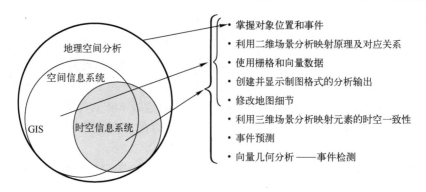

图 1.2　时空信息系统

可以是真实时间,也可以是仿真时间。对象可以与软件自定义的动画时钟同步,
也可以由用户自定义。工具用来评估对象事件或接近程度,可以使用对象中定
义的时间步长,也可以使用用户自定义的时间步长。

1.3　本体论视角下的 STK 工作流

STK 有两种不同的工作流:①软件界面工作流;②用于定义语义层面对象、
工具和输出属性的工程工作流,便于对象和工具开发。软件界面工作流通过图
形用户界面引导用户一步步开发场景,并进行交互操作;工程工作流为用户提供
对象和工具属性配置功能。如图 1.3 所示,GUI 通过模块化构建,允许用户定
制。由于 STK 工作空间使用了丰富的微软视窗工具,用户可通过配置窗口创建
个性化的工作环境,这也体现了用户定制功能。

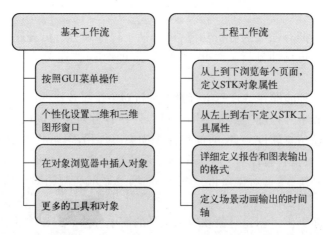

图 1.3　基本工作流定义全局场景,工程工作流依据提示窗口全面定义对象和工具的细节

STK 用于分析对象与工具之间的关系,对象为对真实实体进行建模,工具用于计算视线、通视性、统计特性和信号分析。工程工作流引导用户高保真地定义 STK 对象和工具。开发对象时,用户使用属性栏来定制对象参数,使对象的物理性能和特征更逼真。每个对象都有基本的默认参数,可基于此开展分析。然而,如果需要层次更深、范围更广、逼真度更高的分析,则需要改进属性和工具,使之更加匹配实际特性。

STK 对象属性窗口由几个页面列表组成。通过这些页面,可以调用工程工作流。由于这些页面允许配置属性,用户可以分析所建模真实物体的状态。利用工程工作流,用户很容易开展软件的本体论研究,从而简化了 STK 场景开发、对象插入和工具使用的过程。

1.4 本体论简介

为提高 STK 分析能力,工程工作流利用工具开发本体论视角的对象。在计算机科学中,本体论是关于集合域及其属性,以及对象间关系的系统研究。换句话说,本体论是从语义层面对所定义对象、工具和输出关系的评估。STK 允许用户开展重复迭代或细化深入的本体论研究,以帮助用户理解 STK 展示的现实问题和解决方案。当你回顾本书涉及的对象和工具时,本体论将变得非常清晰,如图 1.4 所示。

采用工程工作流可定制本体论研究的报告和图表输出,包括分析时间间隔、光照延时、信号质量等,可通过

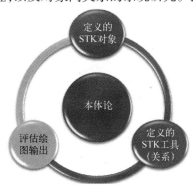

图 1.4 本体论要素

工具的底层属性或报告图表管理器的数据源加以完善。只要高保真地定义对象及其与工具的关系,就可进行逼真显示和精确分析。对象可通过属性和约束来表征动力学、运动学特性及其能力,工具也可通过约束、步长和计算方法来定制。对象和工具的属性和约束包含数据源,用来提供算法所需的计算数据要素。这些对象和工具的要素及其属性以综合集成的方式给出输出评估。时变动态几何引擎对来源于对象和工具定义本体论关系的算法进行编译、计算及输出,输出以报告、图表和动态曲线等形式表征,如图 1.5 所示。

图 1.5 动态 STK

1.5 对象与工具的区别

STK 对象和工具的描绘在 GUI 中没有明显的差别。从功能角度讲,对象和工具是两个不同的概念。STK 对象是具有三维空间位置的物体,而 STK 工具用来定义 STK 对象之间的关系,通常采用动态几何引擎或 STK 对象增强工具。在 9. x 及以前的版本中,STK 软件具有 STK 工具、工具与附属工具(子工具),这些工具可以通过右键单击 STK 对象浏览器的对象调用。然而,由于对象与工具功能的本质差别,本书对两者进行明显区分。STK 对象表征真实世界的物体,包括设施、城市、城镇等固定点目标,以及导弹、车辆、轮船、卫星等移动点目标。另外,对象也可以是由多边形表征的区域目标或中心体点目标,如月球、行星和恒星等。如果 STK 也存在对应的英语语法结构,则对象类可称为名词集合。

因此,基于 STK 语法,对象类对应名词,工具类对应动词。总体来说,工具类主要用于事件检测,即分析通视性,也可用于接近分析和信号评估。访问是处理通视性计算的主要工具,为大多数事件检测提供支撑计算。其他工具还包括访问组、链路、覆盖、向量几何、地形转换、信号处理及通信等。由于各工具间功能差异,本书从语义层面对工具类的定义及使用进行介绍。

1.6 研究对象

在 STK 中,对象通常被用来对真实的建筑物、设备或场所进行建模。如果在语义层面对对象属性都进行了定义,那么在 STK 软件中采用面向对象的时间驱动建模方法的优势就很明显了。对象属性越接近所建模的真实物体,分析、建模和仿真的结果就越接近实际情况。在 GUI 环境中,对象采用面向对象的封装方法进行创建。封装是一种类,允许采用各种不同的方法访问对象,每种方法都赋予了相应的访问级别,以及独特的属性。如图 1.6 所示,对象封装主要有两类方法:场景对象选择法和 STK 对象路线位置法。例如,当往 STK 场景中加载飞行器时,有多种对象选择方法,其中之一就是"Insert Default",飞行器的属性参数为默认设置,只允许用户选择基本的航路点。如果用户要修改 STK 对象路线属性,就采用 Aircraft Mission Modeler(AMM)创建飞行器,允许定义飞行器的类型和任务。该方法可以通过路线积分模型定义 STK 飞行器路线,从而模拟飞行器的实际飞行过程。

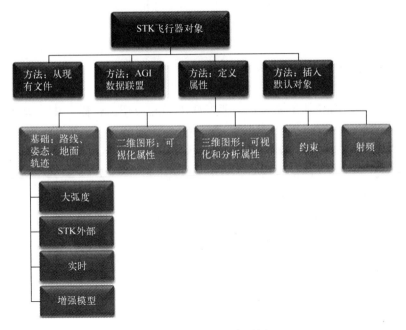

图 1.6　飞行器层次示例

　　STK 对象有父对象和子对象两种类型:通过内联使用面向对象的编程方法,对象类建立相应的父子关系,子对象既可调用父对象属性,也可配置自有独特属性,从而可对更精细的行为进行建模。父对象称为场景对象,其位置、方位和时间间隔是唯一的;子对象称为关联对象,是父对象的子类型,继承了父对象的很多特性,如位置、方位和时间间隔(图 1.7)。

　　对象类的封装和内联使得用户可以修改 STK 对象的默认参数,使之更加接近对象的真实属性。对象越精确,其分析就越接近真实场景。对象属性允许对

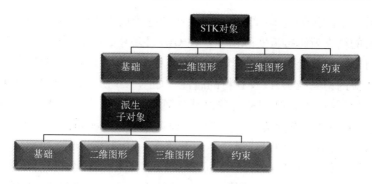

图 1.7 父 – 子对象层次

通视性、接近度和定性评估等事项进行深层次分析。对象的轨道预报或运动预测通过对象飞行器的属性计算得出。

1.7 使用 STK 工具构建关系

本书第三部分论述了 STK 的主要工具,并在语义层面解释了其工作原理和应用场合。STK 工具用于建立和评估 STK 环境中的关系。这一部分研究事件检测工具及其如何计算对象通视性、接近度评估,以及单向或多次反射通信的信号质量。STK 工具都是专用的,其选用取决于需要评估的事件。通视性计算通常采用访问、访问组、链路、通信设备和覆盖等工具。另一种计算工具是接近分析,主要用于轨道空间飞行器或物体。大多数事件工具采用访问插值算法作为基本的计算模块(图 1.8)。

图 1.8 STK 本体论关系

1.8 输出

STK 输出包括视频、静态图片、图表和报告等四种形式。当进行通视性分析时,用户可以采用报告或图表输出,直观给出对象通视的持续时长、时间区间,甚至观测角。图形输出既可通过动画可视化仿真对象的运动规律,也可以在事件发生时生成静态图像。

STK 工具用来计算对象的运动学和动力学特性,以及给定时间区间内对象间交会关系。具体交互关系取决于对象的接近程度,需考虑信号设备的指向及阻塞或衰减可能造成的信号损失。空间方位和时间区间是理解 STK 对象的关键:计算飞行器运行方位时,对象坐标系与其体轴固联,基于对象本体的向量几何分析应用约束;该属性使得动力学特性与物理应用问题相关联,例如,对象能够锁定信号时间或对象间接近程度。另外,STK 工具可用于评估对象信号的通视性、质量和数量,而输出可使用户从建模仿真角度可视化分析对象和工具。

1.9　数据源

数据源是 STK 对象或工具的基础属性,用于改进输出分析。STK 对象和工具属性分为三类:几何类、时间类和计算类。因此,有些属性页既包含时间区间信息,也包含向量几何信息。数据源主要用于创建和定制数据显示、报告和图表,也用于提供结果的详细验证和确认,还具备改变 STK 引擎计算算法的能力。

1.10　展望

本书介绍的 STK 本体论方法可应用于其他软件以理解时空信息系统,通过使用本体论方法,可深入理解定义对象、修改对象以及创建对象之间的关系(图 1.9)。

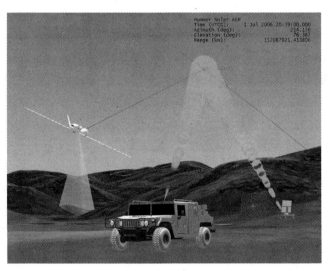

图 1.9　对象关系的例子

第 2 章 本 体 论

本章要点：

- 本体论定义
- 理解属性层次
- 研究 STK 对象、STK 工具
- 研究二维和三维对象窗口

2.1 引言

STK 中的本体论是研究 STK 对象、STK 工具和分析结果的一种形式化的方法。"本体论"这个词可以追溯到古希腊哲学，其基本的柏拉图式形而上学的意思是"对客观事物的理解、概念化及其一般化"。不过，在 20 世纪后期，计算机科学家，如美国斯坦福大学 Thomas Gruber 博士将词义修改为"在知识共享和知识获取体系中对对象和关系的概念化分析"。换句话说，本体论研究某一领域内的概念或对象及其关系。利用本体论可以从这些关系中推导出数据结构，并使其可见。本书使用 Gruber 博士的本体论定义，以适合时空信息系统软件。

本体论在 STK 中重点研究 STK 对象之间的关系是如何构建和定义的，既包括语义层面上 STK 对象和 STK 工具关系的构建，也包括这些关系的输出。该研究的严谨性建立在充分认识 STK 对象语义层面内涵的基础上，包括对象的属性和方法。STK 对象属性由特性和约束定义。除定义 STK 对象外，也必须定义 STK 工具。工具用来说明 STK 对象之间的关系，并建立计算输出和分析结果的算法。对象及其关系形成的方程式由 STK 引擎计算。通过使用地图、图表、报告和仿真等，计算结果对用户可见。当修改 STK 对象或工具时，相应数据需重新计算，并反映在输出结果。如图 2.1 所示，将 STK 每个

图 2.1 动态 STK

10

部分看作领域内单独的信息集合,就非常简单了。例如,该软件的根目录层次是全局范围的场景集合,而 STK 对象、STK 工具以及输出(图表和报告)则是局部集合。STK 对象通过属性和约束定义,当开展分析和与其他 STK 对象进行对比时,可以修改空间关系。如前所述,STK 工具用来定义 STK 对象之间的关系,包括空间位置、距离、角度、方位和视线等。利用 STK 工具构建好 STK 对象之间关系后,就可以调用 STK 引擎算法进行计算,并显示输出。

为什么本体论与 STK 相关呢? 这是因为对 STK 对象理解得越多,全面的分析就会越好。采用计算机科学术语表述,就是"GIGO",即无用信息输入、无用信息输出(Garbage In, Garbage Out)。在建模仿真过程中,如果对象和工具的定义与所要进行的分析不匹配,那么就不会得到有价值的结果。相反,如果花时间定义了对象和工具的属性,并正确地选择了输出类型,就很可能得到所需的信息。这听起来很简单,确实也很简单。

许多人认为,计算机软件不管设计得如何,都有这样神奇的特性,在默认情况下花费很少的精力就可以得到正确的输出。然而,这是不正确的。众所周知,软件只是高质量分析的一部分,剩余部分则是用户的输入。例如,要想深入研究航天器的轨道动力学特性,使之与真实情况相匹配,就需要选择正确的轨道积分模型,并输入正确的阻力模型、大气和环境的影响以及航天器的特性。这需要一些集中研究与应用,所以需要将本体论应用于 STK 工作环境。明白了这一点,就可以更好地理解 STK 软件,并在分析中更快地得到更加正确的结果。

如图 2.2 所示,要开展本体论研究,首先需要定义场景的全局和局部属性,然后定义 STK 对象和 STK 工具。当完成计算并对输出进行审查后,就会发现需要对分析进行"调整"。为了提高精度或解决另一个问题,必须修改一个或多个对象,甚至是工具。对象或工具的任何改变,都会导致相应的关系和计算输出的改变。因此,STK 本体论研究本质上是迭代的。

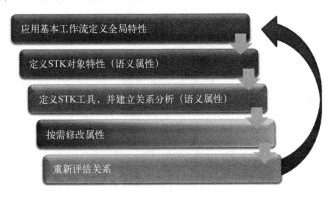

图 2.2　STK 本体论研究方法

正如对象会随时间改变一样,关系也会发生变化。默认属性和用户自定义属性会影响如何定义通视性。对象可能超出范围、丢失信号或在水平视线下运行。例如,对于弗吉尼亚州瓦勒普斯岛地面站与国际空间站之间信号链路的评估,地面站每天会有多个时段可以跟踪到国际空间站,这就可以定义为通视性。计算出瓦勒普斯岛每天可以跟踪到国际空间站的时段,就得到了通视性时间,进而给出所定义的信息输出,即地面站能够与国际空间站连接的持续时间,其形式可以是时间间隔,也可以是图形或其他可视输出。

STK 能够预先确定通视性的时间间隔,从而可以更容易找到连接时间。通视性分析功能由 Access 事件工具实现。在 STK 中,Access 工具是基本的事件检测工具,许多其他工具都会用到它。例如,信号计算不仅取决于对象是否可见(通视性),而且取决于通信设备是否可见以及是否有限定条件。如在上面的例子中,为了能计算信号强度,必须要访问国际空间站的发射天线和瓦勒普斯岛的接收天线。

利用本体论来分析地面站与国际空间站之间的关系,首先要了解瓦勒普斯岛地面站对象如何使用访问属性来建立与国际空间站的关系。这些对象的本体论会随着对象附加的通信设备和约束的改变而改变。为更好地理解本体论方法及软件应用,掌握软件默认参数及其修改方法是非常必要的。为便于从语义上理解基本默认设置及其修改方法,STK 界面在结构化工程流程中给出了直观的引导,方便用户发现和开发各种不同的特定对象集合及其参数。

本体论关系从定义全局属性开始。当一个 STK 实例启动时,用户必须定义场景、日期和时间间隔等项目。这是从场景级别设置全局属性的一个基本开始。这些项目设置之后,该实例被启动,并允许用户通过编辑全局设置,然后添加插件以提高性能。如图 2.3 所示,全局设置成为对象和工具在场景中进行交互的一部分。

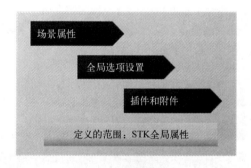

图 2.3　场景属性定义

接下来,输入对象并选择分析工具。为确保所选用对象和工具的正确性,可通过粗略地分析计算进行测试。通常,默认参数足以满足计算所需的精度水平(图 2.4)。

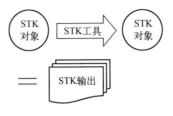

图 2.4　STK 本体论关系

但是,多数情况下,为了深入理解,需要进行更加细致的分析。这就需要全面揭示对象的位置、方位、性能,及其如何利用所定义的工具相互作用。要做到这一点,也必须定义对象和工具的每个属性,以便与真实世界的进程相匹配。如图 2.5 所示,当我们开始在语义上定义对象和工具的属性,并给出所需形式的输出时,就变成了真正的本体论研究。

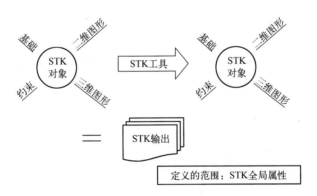

图 2.5　属性定义

最终,作为本体论研究反复过程的最后一步,分析所定义关系的输出。用户通过使用软件内置的报告和图表形式的数据筛选工具,可以反复调整和改进分析。为了说明这一点,引入一个关联分析的例子。如果要解决空间中两个对象的关联分析,就需要对每个对象进行充分研究,包括定义对象正确的初始状态(包括方位)、选择最有效的积分器、定义对象的约束等,然后根据所分析的距离精度、分析所用的上下限值和所需的其他数据源来定义关联分析的工具(图 2.6)。

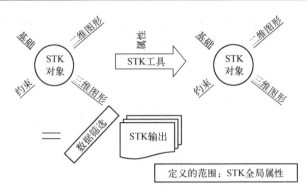

图 2.6 关系定义

2.2 工程工作流

使用工程工作流,STK 可提高时空分析的效率和质量。许多其他工具和开发环境具有冗余的软件开发、维护和集成等过程,开发时间成倍增加;商业软件设计目标为消除多余的编程工作量、软件测试和软件后期维护。STK 是为工程师和分析人员设计的,可用更少的时间、更低费用来开展工作、进行更多的分析;STK 的设计也为工程师节省了时间和费用。在图形用户界面中对场景快速分析、定制布局、单击可视化、单击分析等都是 STK 的特色(图 2.7)。

图 2.7 STK 工程工作流

STK 具有丰富的动态特征,已在 STK 帮助文件中体现。与大部分应用程序的帮助文件无信息或信息很少不同,STK 技术人员创建了一个非常有用的帮助系统。在大多数情况下,如果用户不知道 STK 如何定义属性或属性页上有什么,就可以使用帮助,"Help"按钮通常在当前页面的底部。多数情况下,只需单击一下,用户就能在帮助页面找到问题的答案。

2.3　理解属性

STK 有效利用了建模与仿真环境的本体论。STK 通过属性构建,既可以使对象的三个主要层级具有独特性或默认值,还可以设置软件应用程序的默认优选项。默认优选项可以从"Edit"任务菜单栏中的"Edit/Preference"选项中找到。在优选项菜单中,许多预先设置的默认值都可以修改,设置为新用户定义的应用程序默认值。这是一种全局的改变,影响以后的所用应用程序。

STK 的插件和扩展产品,如 Timeline, Wind Farm 和 Qualnet,都能在"Edit/Preference/UI Plug‑ins"页面找到。MATLAB 用户可以依据自己的偏好定义输出,而且默认的轨道预报模型也在这里设置。另一个例子是修改"Access"默认值,使其在分析日蚀时不采用默认的"Line of Sight"。不过,分析人员需要注意新设置的默认值会影响以后开发的所有程序,但有时还需要用"Line of Sight"进行计算。要设置并创建自己的插件,可以参考附录 A 中 AGI 提供的文档。

有时,用户需要修改通过软件下载的对象和地形的路径,既可以在每次下载时修改,也可以通过"Edit/Preference/Find file"页面设置用户自定义默认路径。全局改变应用程序默认值,既有好处,也有问题。在这一点上,用户需要决定某些选项是在"Edit/Preference"中全局改变,还是在场景中进行改变,后者仅影响各自场景在根层次定义的全局属性。很多时候,在对象层和工具层做些简单的局部修改,就可以满足分析的需要。

尽管全局应用的改变对软件进行了修改,使得软件的每次使用都会变成新的默认行为,但也需要进行影响单个场景特性的其他修改。这些修改可能是全局或局部的场景变化,可以采用四个主要的 STK 属性设置层次中的一个进行处理。

2.4　四个主要的属性设置层次

STK 四个主要的属性设置层次为根、STK 对象、STK 工具和输出层。每一层都能改善个性化设置的特性,使得分析师或工程师的分析更加现实、更有意义。根层次允许对整个场景进行全局修改,而对象、工具和输出则是局部修改。工具层属性主要影响计算对象间关系时所采用的计算方法。"Reporting"允许用户自定义报告、图表和绘图,以清楚地展示分析信息。在软件的帮助文件中,可以找到每个层次的详细说明(图 2.8)。

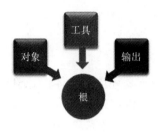

图 2.8　四个主要的属性设置层次

2.4.1　根层次

从全局来看,根层次是软件的场景层,影响当前的场景。当用户创建场景时,场景名称就产生了根层次属性。场景时间间隔内的任何计算都使用全局的默认值和用户自定义设置。可预先定义和修改的根层次属性如下:基础(Basic)、二维图形(2D Graphics)、三维图形(3D Graphics)和射频(RF)(图 2.9)。

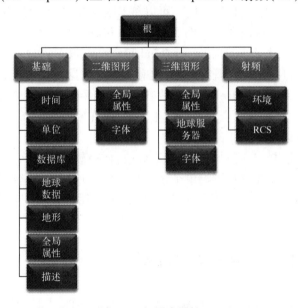

图 2.9　根层次属性

2.4.1.1　基础属性

基础(Basic)属性包括以下修改页面:

1. 时间(Time)

"Scenario Time"设置包括"Analysis Time"和"Animation Time"两部分,与用户利用"Start – Up Wizard"定义的信息是一样的。"Analysis Time"用于设置分析

的时间区间,可以是短短几分钟,也可以是几个月,甚至几年。计算时间步长的设置便于对插值计算进行调整。对于不足 24h 的时间区间,采用 60s 的小时间步长是可行的,而且计算效率很高;不过,对于数月或数年的时间区间,若继续采用 60s 的小时间步长,则计算效率不高。此时,通常采用 24h 的时间步长。

"Animation Time"用于设置动画时钟的时间区间(图 2.10),决定用户能在场景中看到对象的时间范围。动画时间区间通常等于分析时间区间,或者是后者的一个子集。场景时间应大于或等于每个对象的时间。"Epoch Time"是分析开始的时间。

图 2.10　动画时间条

"Analysis Time"和"Animation Time"默认的开始时间是计算机当前时钟,默认的时间区间是 24h,默认的时间步长是 60s。

2. 单位(Units)

场景中所有单位的默认值(均可修改)如表 2.1 所示。如果默认值需要定制,就可以通过下拉菜单进行修改。在对象层次和工具层次也可以对单位进行局部修改。表 2.1 给出了所有单位的默认值。

表 2.1　默认单位

元　素	默 认 单 位
距离(Distance)	千米
时间(Time)	秒
日期格式(DateFormat)	格里历世界时(Gregorian UTC)
角度(Angle)	度
质量(Mass)	千克
功率(Power)	瓦分贝(dBW)
频率(Frequency)	千兆赫(Gigahertz)
小距离(SmallDistance)	米
纬度(Latitude)	度
经度(Longitude)	度
持续时间(Duration)	时:分:秒
温度(Temperature)	开尔文
小时间(SmallTime)	秒

17

（续）

元 素	默 认 单 位
比率（Ratio）	分贝
雷达横截面（RCS）	分贝
多普勒速度（DopplerVelocity）	米/秒
SARTimeResProd	米·秒
力（Force）	牛顿
压力（Pressure）	帕斯卡
比冲（SpecificImpulse）	秒
脉冲重复频率（PRF）	千赫
带宽（Bandwidth）	兆赫
小速度（SmallVelocity）	厘米/秒
百分比（Percent）	%
MissionModelerDistance	海里
MissionModelerAltitude	英尺
MissionModelerFuelQuantity	磅
MissionModelerRunwayLength	千英尺
MissionModelerBearingAngle	度
MissionModelerAngleOfAttack	度
MissionModelerAltitudeAngle	度
MissionModelerG	标准海平面 G（G – Sea Level）
立体角（SolidAngle）	球面度（Sterad）
MissionModelerTSFC	TSFC LbmHrLbf
MissionModelerPSFC	PSFC LbmHrHp
MissionModelerForce	磅
MissionModelerPower	马力
谱带宽（SpectraBandwidth）	赫兹
比特（Bits）	兆位（MegaBits）
辐射剂量（RadiationDose）	拉德（Rads）
磁场（MagneticField）	纳特（nanoTesla）
辐射防护厚度（RadiationShieldThickness）	千分之一英寸（Mils）
粒子能量（ParticleEnergy）	兆电子伏特（MeV）

3. 数据库(Database)

数据库页面允许用户对城市、设施、卫星或恒星等四个主要的数据库文件进行更新或修改,或者增加辅助的数据库。默认的数据库在"Database Type"中选择,但如果数据库已经进行了修改并有所有必需的文件,就使用"Auxiliary"插入。STK 自带四个默认数据库,但很多情况下需要用户定制数据库,以满足自己的需求。例如,一个 NOAA 设计师需要知道所有的卫星和雷达天线在探测什么地方,并且每天都会使用这些设施。为此,用户就需要为自己创建一个专用的设施数据库。

STK 数据库是具有特定扩展名的文件集合,这些文件遵循预先设计的 STK 格式。数据库的每种文件类型的模板信息通常都可以在"Create & Import External Files"帮助文件中找到。大多数(不是全部)定制的数据文件都具有用于分组的版本号和关键字。文件的版本号与软件的版本号一致。关键字是一些标准的专用词,主要是 BEGIN < 组名 >、END < 组名 > 等。数值用逗号隔开,而单位通常预先在"Root Level Units"页面中标注。对于版本 9,默认的数据库文件保存在 C:\Program Data\AGI\STK9\Databases\中。对每一个主数据库,行通常视为一个对象,列总是开始于 0。

4. 地球数据(Earth Data)

默认的地球定向参数(EOP)文件在此处设定,如果需要,可以进行修改。默认的文件由 CelesTrak 提供,采用国际地球自转服务组织(IERS)和美国海军天文台(USNO)的数据。这个文件,以及太空天气数据,对卫星轨道预报、飞行器运动和空气动力学计算等非常重要。源信息的变化很小,但如果用户需要用自己定义的数据源计算,就可以通过点击"……"按钮在 Filename 浏览框内进行修改,然后点击 "Reload EOP File"按钮。有关 EOP 数据的详细信息,请参考 CelesTrak. com,以及 David A. Vallado 和 T. S. Kelso 博士撰写的文献 *Using EOP and Space Weather Data for Satellite Operation*。

5. 地形(Terrain)

在 STK 中增加地形文件可增强可视化效果和飞行动力学特性,创建方位角 - 高低角模型,分析地形造成的视线遮挡。在 Terrain 页面中可上传地形数据文件,地形文件由中心引力体组织,如地球和火星。在 STK 中使用地形,既可进行可视化,又可开展分析,但具体处理方式有所不同。若用于分析,则可在软件中直接载入和读取标准的美国国家地理空间情报局(NGA)和美国地质调查局(USGS)文件类型;若用于可视化,则必须将源文件类型转换成 AGI 创建的地形可视化文件类型(扩展名为 *. pdtt)。有关分析和可视化地形文件之间差异的进一步讨论,以及如何进行可视化文件转换,参见本书方法论部分。

地形文件来源于不同的部门。大多数公司和机构已经建立了地形文件存储库。如果需要为特定的工程收集地形信息,地形文件的最好来源是:

(1) 国家地理空间情报局(NGA) – www. nga. mil

https：//www1. nga. mil/ProductsServices/Pages/PublicProducts. Aspx

(2) 美国地质调查局(USGS) – www. usgs. gov

http：//www. usgs. gov/pubprod/maps. html

(3) 分析图形公司 – www. agi. com

http：//www. agi. com/products/by – product – type/applications/stk/add – on – modules/stk – terrain – imagery – maps/

还有其他地方可以获得地形数据,但上述网站是主要来源。对其他类型的地形文件,如极地立体投影格式(PDS),STK 也提供支持,但需要用户直接与 AGI 联系以获取支持。

6. 全局属性

当用户使用质点向量对象,如导弹、卫星和飞机时,这些属性会给用户一个警告信息。

7. 描述

此页面是元数据信息参考页,Long Description 与场景中使用的参考坐标轴是一样的,即"Welcome to STK start – up wizard"中的参考坐标轴,可以随场景的演变进行修改。

2.4.1.2 二维图形

二维图形属性(2D Graphics)包括全局属性(Global Attributes)和字体(Fonts)两项,均可修改,主要向用户提供如何在二维窗口环境中查看对象和文本的各种选项。二维图形可以增强可视化效果。有些专门的地图,可以给出地球或其他中心引力体的详细信息。为便于分析,附加的经纬线可以用特定的颜色来显示和增强。

2.4.1.3 三维图形

三维图形(3D Graphics)属性能用来处理分析约束和可视化约束,由全局属性(Global Attributes)、地球服务器(Globeserver)和字体(Fonts)三个可修改页面组成。如果全局应用层次的设置允许,且计算机硬件满足,则全局属性允许对大图形文件进行幕外渲染。如图 2.11 所示,三维窗口分层显示为地形信息、图形信息和线路信息,以及与 STK 工具分析计算的视觉效果相联系的 STK 对象等。当对象被创建时,就可以在地形上直接绘制面线。此外,也可以在这里控制图像计算的缓存分配。地球的参考表面也是在这里维护。默认的是 WGS84 参考椭球,如果需要,可以切换为平均海平面(Mean Sea Level)基准。此项设置会影响

20

飞机或其他质点向量对象的飞行平滑度。对有些场景,为获取最佳的性能,可以随时修改。

图 2.11　图形分层

2.4.1.4　射频属性

射频属性指计算射频信号时所进行的全局场景改变,包括环境和雷达截面积选项。在信号计算中可以引入环境变化模型,所有这些模型必须在 RF 的环境页面中配置。对于大部分环境模型,STK 可以选择默认模型,也可以采用模型插件的形式引入用户自己的模型。环境的变化包括用于计算信号衰减的雨损模型,默认模型为 ITU - R P618 - 9 和 Crane 1985。另外,也可使用云雾模型,用户自定义的云层高度、厚度、温度和云液态水密度的特定云雾模型也可使用。对流层闪烁可考虑在内,可计算深度衰减的对流层衰减中断。对于大气吸收,STK 使用 Simple Satcom(默认)、ITU - R P676 - 5 和 Two Ray 模型。

2.4.2　对象层次

STK 环境下,与其他空间信息系统一样,对象以向量或点、线、多边形等几何形状表示的静态数据形式展现。STK 对象层次由具有方法和类别区别(基于全局参数和局部参数设置)的本地对象实例组成,同一场景同类对象可有多个实例,主要区别由属性参数体现;所含时间不仅具有局部属性,而且可作为不一致和一致的时间间隔并集成到软件。

大多数对象由点组成,严格意义上讲,2D 为一个由 x 和 y 坐标表示点的运动。在 3D 中,有两类点:一类是固定点,另一类是向量点。其余对象使用多边形,表示感兴趣区域,如国家、城市边界或区域目标等。

在场景中添加对象,相对来说比较简单,有多种方法。如图 2.12 所示,最常见的方法是使用"Insert STK Objects"向导(图标)。当一个对象添加到场景中后,就会出现在对象浏览器的根目录下。

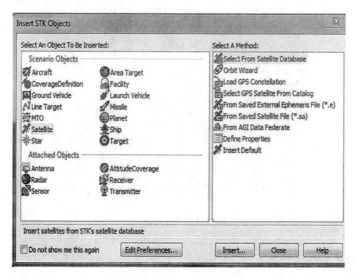

图2.12 对象

子对象包括天线、雷达、接收器、传感器和发射器等。父－子关系是分层的,从父对象到子对象的规则是固定的;一个父对象可有多个子对象,但一个子对象只能有一个父对象;对象与其他对象之间相互可见才可进行本体论分析。子对象称为附属对象,需要依附于一个父对象,从父对象继承的主要属性为位置。例如,天线需要继承设备、运载器或卫星的位置。

对象属性修改具有局部性,但从本体论角度看,对象属性修改将会动态改变已经建立的关系。因此,对用户而言,在关系建立之前理解对象及其属性是非常重要的。

2.4.3　工具层次

工具是评估对象的计算程序。目前,STK工具可以通过任务菜单和STK对象向导找到。在对象浏览器中,右键单击某个对象即可。工具用来回答那些我们正试图询问STK的问题。STK有多种工具。大多数工具用来计算,比如对象之间什么时候可见,在计算过程中还可以定义质量和数量。工具具有局部特性,工具的改变只影响本地的计算。当改变发生在一个计算事件结束之后,工具就需要允许重新计算,并生成新的结果。

访问:计算从一个对象到另一个对象的基本可见性。

访问组:计算从一个对象到数据库中的一个或多个对象,在给定的时间间隔和视角下是否可见。

链路:计算对象的可见性。

向量几何工具:进行向量几何分析并在对象上可视化。

高级接近分析:进行一个或多个对象的合理关联分析。

通信系统:计算信号的强度和阻抗。

覆盖定义:定性计算热点区域、点或对象路径。

网格检查工具:与覆盖工具共同工作,细化网格覆盖范围内的分析。

其他工具可在附属对象中找到。这些工具需要一个父对象才能进行分析,可以使用父对象的属性和约束。

性能系数:用于精确的统计评估计算,并使计算过程可视化。

姿态覆盖:用于定性评估中的对象姿态球计算。

姿态性能系数:在姿态覆盖基础上,进行精确的统计评估计算,并使计算可视化。

工具与对象间关系如表 2.2 所示。

表 2.2　工具与对象的关系

TOOLS	Aircraft	Area Target	Facility	Ground Vehicle	Launch Vehicle	Line Target	MTO	Missile	Planet	Satellite	Ship	Star	Target
Access	X	X	X	X	X	X	X	X	X	X	X	X	X
Deck Access	X	X	X	X	X	X	X	X	X	X	X	X	X
Object Coverage	X	X	X	X	X	X	X	X	X	X	X	X	X
VGT	X	X	X	X	X	X	X	X	X	X	X	X	X
B – Place Template										X			
Attitude Simulator Tool										X			
Export Initial State										X			
Load Propagation Definition	X			X	X			X		X	X		
Close Approach					X			X		X			
Lifetime										X			
Orbit Wizard										X			
Generate TLE										X			
Walker										X			
Solar Panel	X			X						X			
Area	X		X	X	X			X		X	X		X
Laser CAT	X		X	X							X		
Radio Frequency Interference	X		X	X							X		

注:右键点击对象可获取对象工具。

2. 5　STK 对象、工具和本体论

　　总体而言,从语义层面阐述并设计对象及工具为 STK 的本体论内核。使用本体论,是为了确保在完成分析的过程中能够得到最好的结果。STK 允许用户利用一个强大而复杂的方式分析对象,并计算对象之间的关系。如果没有正式的本体论研究,许多分析步骤都会错过,GIGO(无用输入,无用输出)将会成为一个真正的问题。应用本体论思想,深化对 STK 对象和工具的理解,将使项目分析更加有效。

第3章 场　　景

本章要点：

- 新建场景
- 规划场景
- 对象基本属性
- 通过修改约束默认值改进场景
- 报告和分析信息
- 回顾一些最佳的练习

3.1　引言

STK 中的场景是 STK 软件的一个封装的、定义的分析实例。在场景中可以进行全局设置，明确初始的分析时间间隔。为了开展分析，需要建立一个发生在什么时间什么地方的分析环境。插件、附加模块和环境模型从全局视角增强了软件的行为。换句话说，全局设置所定义的参数影响所有的对象和工具，尽管这些对象和工具是为了局部评估而进行的初始化。从准确地定义全局设置出发，确保软件中全局和局部行为的完整性是非常重要的。

3.2　新建场景

新建一个场景，需要选择"⛰"图标，有三种方法：①在"Welcome to STK"向导中，选择"Create a New Scenario"按钮；②在工具栏中单击"⛰"；③在菜单中选择"File/New…"。在 STK 中，用户每次只能运行一个场景。举个最好的例子，如果用户需要建立多个场景，那么处理流程如下：先建立一个场景，确保它在唯一的文件夹中保存后，退出该场景；接下来，再建立一个新的场景。记住，每次只能操作一个场景。同时运行多个版本的 STK 是可能的，但不能调用相同的场景文件夹。例如，为了比较版本之间的差异，经常会同时运行不同文件夹下的版本 9 和版本 10。这种方法也常用来帮助确认进程。

在三维图形窗口中可以定义三维对象和三维模型的可视化选项。在 STK 软件中,这通常称为 VO。关于这个名字是如何定义的,在软件公司有些传闻。尽管该传闻与 VO 的使用无关,但从该传闻中确实可以窥出 AGI 大厦里分析师和程序员的创造力。在 STK 开发早期,最初的可视化仅仅是二维窗口显示。有一天,一个重要的客户(大概是一个古怪的美国政府机构)要求,能否在 STK 软件中创建全局和三维图形的可视化选项。要不是被客户逼出来的聪明才智,或者说要不是为了完成客户需求,AGI 也不可能以创纪录的时间实现了三维可视化选项功能。这样,VO 就诞生了。对于计算机程序员来讲,除了字面意思,他们不知道还可以怎么称呼它,因此就将其命名为"Visualization Option"窗口,简称 VO。

3.3　定义场景

场景是 STK 本体论的实例,或者说是对对象关系语义层面的研究,用于任务前、任务后、甚至是任务过程中的分析。随着场景任务的呈现,用户就要逐步完成一些动作序列,以处理特定类型的任务。为了生成一个良好的动作序列,本章给出创建场景的六个步骤(图 3.1)。这六步将指导用户掌握如何建立场景、组织对象以及创建对象特性的诀窍。个人建议做一些场景创建日志的笔记,这会帮助用户开发任务,也会成为一本很好的参考指导书。

图 3.1　如何创建场景

第 1 步:列出问题

STK 软件用于对复杂问题进行建模、分析及可视化。刚开始使用软件时,理解用户需求是很有必要的。通常,用户需求以"Tool"问题的形式出现:列出所需问题信息,明确问题分析所需工具;如问题不能快速明确,跳到第 2 步——以草图形式梳理问题直到完全理解。

潜在的用户问题:

(1)给定时间间隔内对象在哪里?

（2）我什么时间能看到对象？

（3）其他人什么时间能看到对象？

（4）我有信号吗？

（5）我的信号质量如何？

（6）通信有干扰和阻碍吗？

（7）对象距离多近？

（8）对象会碰撞吗？

（9）对象轨道转移特性如何？

（10）如何设计轨道？

（11）如何进行作战空间管理？

对 STK 提出的上述问题都是面向工具的，如能从全局视角把这些问题搞清楚，那么创建场景所需的对象和工具也就清楚了。

第 2 步：以草图形式梳理问题

强烈推荐在创建场景时引入粗略草图，它很像电影制作初期的故事梗概。草拟问题有助于用户理解场景中哪些对象需要识别与细化及需要应用什么工具，而草图使用户能够更好地理解问题的复杂性。

图 3.2 的草图告诉用户，完成第 1 步需要哪些线索。从图中可看出，移动车辆到舰船的通信链路分析需要评估所有对象发送和接收的通信；工具关系需要使用链路工具找到基本的访问时间间隔；如需精确计算卫星何时能够相互通信，就需添加通信设备，然后评估通信质量。粗略草图（图 3.2）为 STK 用户提供了非常有价值的信息，有助于提示问题和分析思路。现在，通过梳理问题，已经解决了第 1 步和第 2 步。如果有必要，第 1、2 步完全可互换。

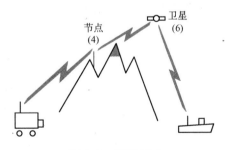

图 3.2　粗略草图

第 3 步：选择输入地形和图像

在 STK 中插入地形和图像涉及全局和局部特性，包含分析和可视化两方面的设置（表 3.1）。两者都是必需的，但处理方式不同。首先，在分析方面，地形需要以根层次全局属性修改的方式引入。在对象浏览器里,第一个对象是场景图标和名称,这是场景的根层次。右键单击场景名称,选择"Properties"即可打开。要输入分析用的地形,使用 Basic/ Terrain 页面。如果要输入一个非 STK 内部格式(∗. pdtt)的文件,必须要进行文件格式转换,以便该文件可以在 STK 中显示。转换后的文件,就可以利用 Globe Manager 在三维窗口中使用。

表 3.1 分析地形和可视化地形对比

分 析	可 视 化
● 文件类型: MUSE Raster,DTED,DEM,GEODAS,MOLA…PTDD ● 在场景根层次插入	● 必须使用 AGI 文件类型:PDTT 或 JPeg ● 使用 Terrain or Imagery Converter(v9. n) ● 在 3D 中使用 Globe Manager 输入进行可视化 ● 在 2D 和 3D 窗口属性中插入
分析评估时使用,不需要可视化	考虑地形可视化

第 4 步:输入和设置对象

回顾第 2 步的草图,注意到在草图中有对象,这就是场景中所要构建对象的初始详单。在场景中构建对象时,通过调整属性设置对象,使其与真实情况最佳匹配,将得到比较逼真的输出。当 STK 任务被指派后,需要了解所期望输出的逼真度类型,然后由用户控制场景细化到什么程度。有时需要开展高层分析,有时需要进行完全真实的细化分析。通常,在任务给定时,相应的信息也就明确了。但有些信息还需要进一步研究才能得到。

要查找设备说明,就要查看接口控制文档(ICD)或某些特定任务可能的需求文档(RD)。其他可以找到设备信息的地方就是设备制造商了。国际电信联盟(ITU)拥有一个卫星通信信息库,以订阅的方式向合格客户出售。

第 5 步:评估约束

STK 软件中,对象和工具都有默认参数值,这与采用组件构建对象(需设置对象的所有参数)有很大不同。掌握 STK 对象的默认参数后就可创建对象,除此之外,准确理解对象如何运转及算法如何计算,对掌握 STK 对象的默认参数很有帮助。在第二部分"对象篇"中,STK 9.2.2 的对象页和对象约束页对对象默认参数进行了定义。

第 6 步:开发和定制输出、报告和图表

除地图或动画输出外,STK 还具有报告和图表、链路预算报告等强大输出功能,也可为报告和图表定制数据来源。当设置好对象的约束及特定属性后,报告和图表的可信度就会更加逼真。报告和图表可导出,也可动态显示在三维图形窗口。随着数据源的使用,定制的图表和报告可修改以回答初始场景框架的具体问题。当对象随时变化时,STK 可评估所发生的位置及关系改变并以文档方式的报告/图表展现。

3.4 总结:创建场景

创建场景是基本的按部就班的过程,其在 STK 环境中使用本体论。有了这些知识以后,STK 就成为了一个软件工具,学生、工程师、分析员或天体物理学家都可以很好地利用它。本书的目的是帮助读者成为一个 STK 专家,能够充分利用 STK 开展训练和科学教育,并使工作更加轻松。

建议使用本书来拓宽有关 STK 软件的知识,明确 STK 作为时空信息系统的工作原理。本书的目的不是要取代现有的由 AGI 提供的培训课程。要了解更多的有关实际创建场景和 STK 图形用户界面方面的知识,建议在更深入研究本书之前参加一些正规的 STK 教育培训。

第 2 篇

对 象 篇

第 4 章 STK 对象

本章要点：

- 定义 STK 对象
- 对象动态交互
- 在 STK 中使用 GIS 向量地图
- 数据管理
- 属性页描述

4.1 引言

STK 对象用来对现实世界对象的位置、运动和时序进行建模。这些对象可以是静态的，也可以是动态的。但是，STK 环境中的所有对象都必须采用位置和时序表征，以便进行分析和可视化。分析和可视化需要将各个对象的时间和空间属性动态联系起来。当利用本体论关系处理这些问题时，具有事件算法的STK 工具就会生成独特的、重要的空间关系。

空间分析系统采用与其环境类似的几何特征。作为一类时空信息系统，STK 对象也由点、线和多边形三类基础几何图元组成（图 4.1）。点既可以表示静态对象，也可以表示动态对象。静态点对象主要包括设备、目标或地点等。动态点对象主要是飞行器和天体，包括飞机、地面车辆、舰船、卫星、导弹、运载器和行星等。对每类飞行器，STK 都可以精确预报和展示其运动特性。多边形表示区域目标，即所关注区域。大多数 STK 对象都支持从地理信息系统（GIS）图形文件（Shapefile）导入。尽管并不是所有数据都可以从 GIS 图形文件转换得到，但可以确保对象的位置和 STK 自定义属性。由于 GIS 是数据库驱动且具有时间属性，所以对象转换采用非常严格的形式，很好地保证了对象位置的精确性。STK 对象运用仿真建模技术进行对象时空的建模，其时间和属性定义采用模型属性的方式，而不是数据库结构形式。

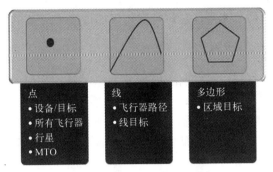

图 4.1　STK 对象的几何特征

4.2　STK 对象的动态交互

前面章节提到,STK 对象有父对象和子对象两类。所有的父对象都有一些可修改的公共属性。实际上,如图 4.2 所示,STK 对象在语义层面上分为几何(Geometric)、时间(Time)和计算(Calculations)三种主要的属性类,在对象属性中定义。所有属性页均由基础、二维图形、三维图形和约束四部分属性组成,使得用户完全可以在语义层面上创建各种 STK 对象。默认情况下,子对象继承了父对象的许多公共属性,子对象也有自己的属性页供用户定制。

图 4.2　STK 对象的动态交互

4.2.1　对象的几何特征

STK 对象的几何特征是点、线或多边形,嵌入在每个对象的属性页中,使得对象在运动和对象交互的物理建模方面是唯一的。运动和对象交互也称为对象的运动学和动力学。点既可以认为是表示城市、设备或网络节点的静态点,也可以认为是特定时间区间内飞行器对象的运动学显示。线表示飞行器或线目标的传播路径。多边形表示区域目标对象,比如热点区域、国界、州界、定位区域或专用椭圆等,均可利用"区域目标"(Area Target)创建。

4.2.2　对象的时间特征

时间是利用对象实例的基本属性页局部定义的,不仅有助于明确可视化起点,而且可以建立时间步长等传播参数,在计算对象的运动时需要用到。时间通过开始时刻和结束时刻来定义。运动变化也包括指向变化和可能的速度变化。

4.2.3　对象的计算

显然,要确定对象的位置变化,必须要考虑对象的几何、时间区间和初始状态。随着时间的推进,对象要基于所选择的传播函数、作为参考点的地形或坐标系、环境参数来计算下一个位置。正是由于 STK 对象间的动态交互,才使得 STK 功能如此强大。动态交互是根据对象的属性、场景的环境和本体论研究中使用的工具进行的。

4.3　GIS 图形文件的使用

STK 对象实例支持将基于点、线和多边形标准几何特征的 GIS 图形文件导入 STK 环境。商业开源 GIS 软件可以生成作为空间参考向量数据的图形文件。一个图形文件最少包括几何文件(＊.shp)、索引文件(＊.shx)和属性文件(＊.dbf)等三个文件。除标准文件外,STK 也支持影像文件(＊.prj)、空间索引文件(＊.sbn/ ＊.sbx)和 XML 图形文件(＊.shp.xml)格式(利用微软.NET 的互用能力)。还存在一些 GIS 环境支持但不能在 STK 中使用的图形文件格式。

在 GIS 环境中,GIS 图形文件有一个表格形式的系统属性开发记录文件,需要一起运行。这些记录不能识别 STK 中的拓扑结构,其主要功能是将空间参考对象引入 STK 场景。STK 提供了一套 GIS 工具,用于导入/导出 GIS 图形文件或覆盖文件。GIS 导入工具可以识别待转换的 STK 对象类型。在对象导入 STK 软件后,每个对象都需要进行全部属性设置,其方法等同于 STK 对象的典型设置方法。对于美国用户,可以采用 GIS 工具导入 OILSTOCK 覆盖文件,引入线、文字、标记和多边形。

尽管 GIS 与 STK 对象结构不同,但都是内置位置和形状的地理空间对象。对于 GIS 及 GIS 地理数据库环境,对象关系数据库和 GIS 图形文件的使用在空间特征方面是鲁棒的。图形文件可通过多种方式创建,包括商业软件、开源软件或免费软件。

由于 GIS 环境是数据库驱动的,所以图形文件的格式允许使用其原始数据属性、几何形状和地理表示构建关系。但是,在使用特征几何、位置信息和标签属性时,STK 环境不能将图形文件作为对象使用。与 GIS 一样,图形文件可以在关系数据库管理系统(RDBMS)中使用。STK 中的 GIS 对象在两个空间信息系统之间可以互操作。

对于 GIS 和 STK,对象类型的语义开发、关系开发及其属性在本质上是不同的。这就意味着这两个软件系统的总的本体论开发是不同的。GIS 本质上是数据库驱动的,其在数据库里将时间特征作为属性处理;而 STK 更多地是面向对象的,由时间和物理规律驱动。场景中时间的使用,不管是全局还是局部,是软件的主要功能,使得对象和工具的开发在语义上不同于标准的 GIS 对象。

在 STK 中,GIS 图形文件用于获取空间参考、几何特征以及其他信息,然后生成一个标签。从文件中选择好所需信息后,STK 通过匹配几何特征,将该文件转换为预先指定的 STK 对象类型。例如,如果用户想将一个国家的轮廓(比如比利时)引入 STK 环境,那么就需要选择区域目标作为对象。国家的 GIS 几何特征和 STK 对象类型都是多边形。当区域目标的 GIS 图形文件导入 STK 时,对象的文件名将不再是 Belgium. shp,而是会转换成 STK 对象类型 Belgium. at。*. at 表示区域目标的扩展名。一旦图形文件转换成可用的 STK 对象,就可以定义各种属性。

STK 内置了一个 GIS 图形文件的归档库。对于 9. 0 以上版本, 64 位机保存在 C:\Program Files (x86)\AGI\STK 9\Data\Shapefiles,32 位机保存在 C:\Program Files\AGI\STK 9\Data\Shapefiles。该路径可能随软件和硬件版本的差异而不同。上述文件夹下主要有四类 Shapefile 文件:Area of Regards(AOR)、Countries、Land 和 Water,全部是多边形。但这并没有限制可以导入 STK 的 Shapefile 文件,只要特征几何满足就可以进行转换,即从 GIS 库里可以将飞行器(点)、城市(点)和其他 Shapefile 文件导入 STK。

4. 4　数据管理

STK AGI Data Federate ® (ADF)是一个用来存储 STK 对象模型、场景,甚至 STK 输出结果的数据存储管理系统。该数据存储可作为一个集中式存储库系统使用,允许多用户访问,可以创建、修改和共享数据。域权限考虑了分层数据许可。通过域权限和版本控制,用户可以追踪所有编辑、用户和修改,从而确保了对数据的质量保证和质量控制(QAQC)。数据管理员对所存储的数据具有完全权限,可以对 ADF 中的每个对象进行读取、写入、编辑以及复制等。对开发人员来说,STK 提供了丰富的 API 接口,可以与非 AGI 软件进行集成,包括 GIS、SharePoint ® 、Teamcenter ® 以及其他第三方软件。

4. 5　STK 对象实例

每个 STK 对象实例都有四类属性:基础、二维图形、三维图形和约束

（图4.3）。每类属性都有一个页面列表,页面中给出了可编辑的属性。尽管有些页面是相同的,但也有一些页面由于对象类型和特征几何不同而不同。要完全定义对象实例,最好的方法是从定义基础属性开始,按照顺序对所有页面系统定义。当用户完成了所有属性页的定义,对象就完全定义好了。定义好对象之后,再修改就很简单了。一般STK对象的层次如图4.4所示。

图4.3　对象实例

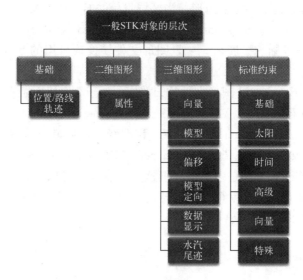

图4.4　对象层次

4.5.1　基础属性

基础属性定义位置、速度、积分模型、轨迹和目标区域等。可定义的属性取决于对象类型:对于设备、目标这样的点对象,利用经度、纬度和高度表示位置;对于地面车辆、卫星、导弹、舰船和飞机这样的质点飞行器,还必须包括速度信息,意味着质点飞行器需确定许多位置点。最简单的方法是先创建飞行器的初始位置,包括指向和空间位置,然后增加位置和指向可能发生改变的时间区间。运动可以通过多种方式处理,主要采用基于物理规律的积分器,可以对指定的对象进行专门计算。例如,飞机对象调用了一种复杂的飞机任务模型(AMM)进行飞行动力学建模,卫星对象则调用Astrogator积分模型。区域目标为多边形对象,利用多个位置点组成封闭多边形来表示热点区域。

依据 STK 对象类型,有一些公共基础属性。特别是对于质点对象,包含大弧积分器(Great Arc)和姿态属性页面,其在本质上是相似的。

1. Great Arc 积分器

有些质点对象,如舰船、地面车辆和飞机等,采用基础属性 Great Arc 计算路径。该计算先从用户定义的初始位置开始,调用大圆距离算法给出插值结果,再根据所定义的方位和导航点进行计算。Great Arc 的用户自定义属性包括:

(1)时间区间。默认的时间区间是场景时间,通过取消选中"Use Scenario Start Time"可设置用户时间。

(2)高度参考。该属性有 WGS84(默认)、平均海平面(MSL)或地形(Terrain)三个选项。由于使用插值算法,对象参考依据平滑度不同而不同。最平滑的算法是 MSL,其次是 WGS84,地形文件最不平滑。平滑度取决于高度参考的垂直间隔。

高度参考是对象航路点相对于大地水准面的垂直参考。例如,如果要修改航路点的高度,并将高度参考设置为地形,那么对象将跟随地形弧路径并保持高于地形的高度。具体分析采用插值方式以提高计算效率。

(3)路径计算。默认参数是"Smooth Rate"。用户也可以输入每个航路点的速度、加速度和时刻。

(4)航路点。在属性窗口中插入,或在 Basic/Route 属性窗口打开的情况下,在二维图形窗口中点击键入。航路点采用表格形式定义属性,允许用户定义经度、纬度、高拔,以及飞行器在航路点的速度、加速度、时刻、转弯半径等。

(5)弧粒度。默认计算粒度为 0.572958°,用户也可以修改。

Great Arc 文件是以 .ga 或 .pa 为扩展名的 ACSII 文本文档,在必要时可以修改,前提是文件模板完整且已导入软件。在帮助文件中可以找到该类文件的模板,用户可以复制使用。

2. 位置:WGS84、地形或平均海平面

如图 4.5 中的地球模型所示,表面高程和平滑效果之间存在差异。这是一个手绘的草图,目的是强调在 STK 软件中选择 WGS84、地形(Terrain)或平均海平面(MSL)不同选项参考之间的差别。大地测量系统(WGS84)既提供垂直测量值(纬度和经度),也提供水平测量值(高度),同时还提供平均海平面、重力变化以及大地水准面测量值。该模型将地球椭球形状表示为扁球面。WGS 数据由美国国家地理空间情报局(NGA)发布。WGS84 为 STK 的大地参考坐标系。对于地球中心体位置计算,这是默认的水准面定义。

MSL 是 STK 中用于大地水准面测量的一个选项,是对全球各个地方在一段地质时间内平均潮汐和海浪的估值,是在 19 年阴历周期内每小时观测值的平均。MSL 值比增加地形后的拓扑表面更加平滑,但在垂直方向上没有 WGS84 椭球计算算法平滑。MSL 是对飞机飞行比较好的算法,仅用于地球中心体的情况。

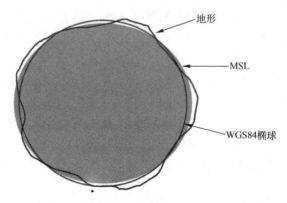

图 4.5　地球椭球形状

地形(Terrain)适用于具有地形信息的任何中心体。与平滑算法 WGS84 椭球和 MSL 相比,所生成的地图模型可以更加真实地展示出垂直和水平方向的变化。STK 中的 Terrain 若用于分析,可以调用多种格式。但若用于可视化,则必须采用地形或图像转换工具转换成 PDTT 格式。

3. 方位高度角掩模/体掩模

方位高度角掩模(AzElMask)是由方位角和高度角定义的可见区域。方位角定义为从原点开始的特定对象的水平角度,高度角定义为垂直角度。方位高度角掩模限制了对对象的视线计算。与 STK 中许多其他功能一样,AzElMask 既能用于分析,也能用于可视化。分析属性通过 Basic/AzElMask 页面设置,可视化属性通过二维 Graphics/AzElMask 和三维 Graphics/AzElMask 页面设置。掩模文件(. aem)可依据地形选择,也可依据装备性能和障碍点设置。AzElMask 也称为体掩模(Body Mask),其文件(. bmsk)可在 STK 中通过确定表示遮挡必需的六个点创建,或者由图像生成。AzElMasks 或 Body Mask 经常在目标、设备或子对象中使用,如传感器、接收器、转发器等。Mask 文件的例子将在第 11 章子对象中给出。更多 AzElMask 内容请参考 STK 教程。

4.5.2　二维图形属性

二维图形属性是用于定义地图细节的对象可视化属性,包含路径、字体、光照、显示时间以及轮廓等属性,使得用户可以创建更高质量的各类输出显示——分析图表、动画视频以及静态地图。

对于移动对象,通过在属性页选择属性"Show Label""Show Route"和"Show Route Marker",可以实现路径可视化。默认情况下全部选中。在页面顶部,可通过路径颜色分类增强可视化效果。例如,当要分析一个对象对另一个或一组对象的可访问性或可通视性时,就需要用颜色对路径进行分类。用户也可以设置时间范围。

其他的飞行器图形属性有助于用户更好地理解所建模对象的位置和场景。高度角轮廓(Elevation Contours)和距离轮廓(Range Contours)使得用户在给定高度角或距离时可以看到轮廓图形。对于飞行器对象,光照(Lighting)属性定义了对象的光照模式,刈幅(Swath)属性提供多种计算方法选择:Ground Elevation(默认为 0)、Vehicle Half Angle、Ground Elevation Envelope 和 Vehicle Half – Angle Envelope。

4.5.3　三维图形属性

由于对象关系的创建,三维图形属性(图 4.6)直接影响对象的计算结果,也影响三维图形窗口中对象的可视化效果。

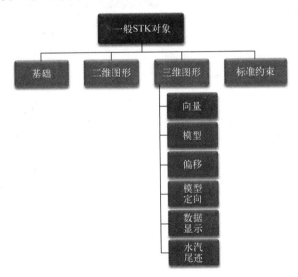

图 4.6　三维图形层次

1. 向量设置

向量设置页面允许用户应用、修改和可视化对象的几何向量。此外,该页面也是打开向量几何工具的一种方式。与 STK 中许多工具一样,先创建图形,然后显示,这是一个两步过程。STK 中有大量已经创建的 VGT,用户可以通过

VGT 属性定制自己的 VGT。在创建完几何向量后,用户需要在三维图形向量页面或三维图形窗口中定义 STK 对象的属性,进行可视化。

对于静态对象,几何向量以对象所处平面为参考。例如,如果要在地球上创建 Facility 对象,就可使用标准的可视化效果(图 4.7)。对于移动对象,可采用相同的方式处理(图 4.8)——尽管由于移动对象为质点,为了确定特定时间范围内的方位、运动方向和速度,几何向量将包含更多的参数。

图 4.7 设备几何向量

图 4.8 飞机几何向量

虽然许多 STK 向量已经定义好了,但用户可使用向量几何工具(VGT)修改和创建对象向量。VGT 是 STK 的非本体论工具,将在本书的工具章节具体讨论。

2. 模型设置

三维图形模型页面用于修改对象模型,大部分 STK 对象都有,唯一的例外是区域目标(Area Target)。用户通过 STK 对象的 3D Model Properties 页面,可以设置对象的活动关节,修改对象的连接点。例如,要在动画中展示飞机螺旋桨运动或者跟踪目标卫星的雷达天线旋转,就需要修改对象的关节(Articulation)文件。

3. STK 对象模型

STK 对象模型是一种三维网络模型,用于真实世界实体的可视化展示。这些模型使得用户可以对特定时间范围内对象的运动(运动学)和动力学(关系)特性进行展示。早期的三维模型采用 MDL 格式,基于传统三维网格建模工具 CAD 以文本文件形式创建,利用模型关节文件控制运动。STK 仍支持 MDL 格式(*.mdl),近来又增加了对 COLLADATM 文件(*.dae)的支持。此外,AGI 还开发了一款将 Lightwave 模型(*.lwo)转换为 MDL 模型的模型转换工具,可以从 AGI 官网上下载。STK 对谷歌的 KML 文件不完全支持,可以在软件中显示,但不支持任何分析功能。

STK 培训教材对如何利用 STK 对象模型创建运动提供了非常详尽的指导,并且还讨论了如何手动或利用 Timeline 工具创建模型关节文件(* . ma)。这两种方法都能使 STK 场景更加逼真。

4. 三维图形——偏移量设置(Offsets Settings)

大多数 STK 对象的默认参数是以对象质心为参考进行可视化和计算。但是,用户可以在 Offsets Settings 页面对可视化进行修改。所建立的对象可视化偏移,使得对象位置看起来与计算点有些许差异,从而可以增强可视化效果。需要注意的是,对象的计算点不能改变。对象可以同时使用三种位置偏移:平动(x, y, z 体轴位置)、转动(x, y, z 体轴位置)和标签偏移。标签偏移用于修改对象标签的位置。

连接点选项(Attach Point)允许用户选择模型关节作为连接点的显示参考。通过这种方式,访问可视化和锥形刈幅看起来似乎是来自关节中心,而不是 STK 对象本体的中心。

5. 三维图形——模型指向设置(Model Pointing Settings)

模型指向页面允许用户将对象设置为始终指向特定对象、目标、太阳或中心体。该功能利用向量几何图形分析指派对象的朝向对象。

6. 三维图形——数据显示设置(Data Display Settings)

对象数据,比如对象的经度、纬度、高度或速度航向读数等,可以在三维窗口动态显示,所以用户可以看到这些读数如何随时间变化。

7. 三维图形——水汽尾迹设置(Vapor Trail Settings)

如果要显示对象的运动,也可以显示对象的水汽尾迹以增强可视化效果。从排气管排出的气体显示效果是一种强大的可视化工具。

4.5.4　约束属性

约束(Constraints)部分的标准基础属性对大多数对象都是通用的。大多数对象都具有 Basic、Sun、Temporal、Vector 和 Special 约束页面(图4.9)。需要注意的是,对一般 STK 对象的约束部分,约束类型会有不同的页面。约束的 Basic 页面和 Sun 页面允许用户查看已经和对象绑定的默认参数,必要时还可修改。Temporal 页面专门对时间范围进行修改;Vector 页面用于约束向量角度和幅值。Special 约束是对象专属的,如地形掠射角或本体论关系中被排除的特定对象(本体论关系的参考对象)。

理解标准约束的默认参数很重要。对象的整个本体论要考虑约束的设置。精确计算的一种方式是定义满足需求的约束参数。默认参数是用户看不到的,除非选择最小/最大设置。所有参数均可以按需修改。并不是所有对象都会用到全部约束页面,对象没有使用的约束,用户不能修改。用户不能访问的对象约束在页面中以灰色显示。帮助文件给出了每个约束页面的所有项目。

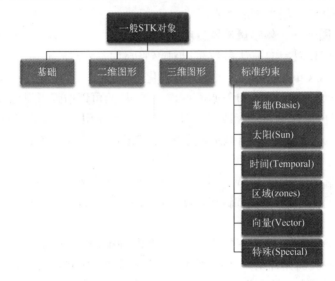

图4.9 约束层次

1. 约束——基础默认设置

基础约束页面(图4.10)限定了事件评估过程中从对象视角的事件检测计算方法。默认情况下的所有设置包括时间范围。但是,用户在必要时可以关闭时间范围选项,对每个特定的基础约束进行计算。默认情况下,视线(Line of Sight)约束是打开的,如果一个对象相对于另一个对象的视线受到遮挡,那么该对象就没有一个成功的访问事件。默认情况下,方位高度角掩模(Azimuth Elevation Mask)约束和地形掩模(Terrain Mask)约束是关闭的,其主要用在目标和设备对象上。当使用方位高度角掩模约束时,为了计算正确性,最好把视线约束打开。

2. 约束——太阳默认设置

太阳约束页面(图4.11)允许用户依据 STK 对象相对太阳或月亮的位置设置对象。视轴(Boresight)约束仅在引入附加子对象时可用,指的是附加子对象的视轴,如传感器相对太阳或月亮的位置。

3. 约束——时间默认设置

时间约束页面允许用户设置 STK 对象的时间属性,包括本地和 GMT 开始停止时间、持续时间和选择步长。这些约束条件决定了对象是否参与访问计算。

默认情况下,在访问计算时总是把对象考虑进去,但有时也需要把一些对象排除在外,这就是该工具的用途所在。

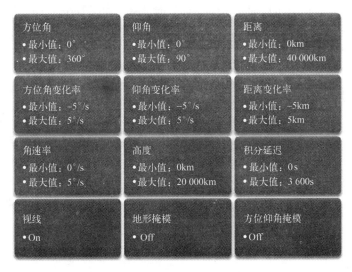

图 4.10　基础约束默认值

图 4.11　太阳约束默认值

4. 约束——区域默认设置

区域约束页面允许用户选择特定的区域是否参与计算。这些区域以经纬度表示。

5. 约束——向量默认设置

向量约束页面允许用户对在三维图形向量页中定义的几何向量进行约束,具体可通过角度或向量大小进行。

6. 约束条件——特殊默认设置

特殊约束页面允许用户通过地球静止轨道带排除（Geostationary Belt Exclusion）、地平线高度（Height above Horizon）、地形平整度（Terrain Grazing）、海拔高度（Elevation Rise）等对 STK 对象进行约束。用户也可以通过角度或时间排除一个特定对象。

4.6　理解 STK 对象

每个 STK 对象实例都是由基本参数定义的,在用户选择对象类型和特征几何时,这些定义就会给出。当对象类型确定后,其属性由默认参数给出,然后每个对象可通过修改参数进一步细化。这些对象会对真实实体的运动学和动力学进行建模。现在我们已经学习了一般 STK 对象的相关内容,后面将进一步深入讨论特定 STK 对象及其属性。

第5章 区域目标

本章要点：

- 定义区域目标
- 区域目标方法
- 定义区域或椭圆
- 二维图形
- 三维图形
- 约束

5.1 区域目标对象

区域目标对象(图5.1)是关于中心体的热点区域,其几何特征是封闭的多边形或椭圆,常用于通信和传感器覆盖区分析。

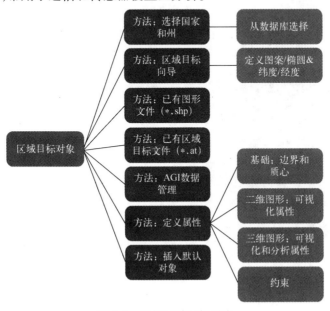

图5.1 选择区域目标层次

要建立区域目标,有多种方法,如从 Countries and US States 数据库中选择、使用区域目标向导、使用现有图形文件或目标文件、使用 AGI 数据管理(ADF)、默认属性等。此外,在区域目标对象建立之后,也可以通过区域目标的基础属性页面或三维图形编辑器进行修改(图 5.2、图 5.3)。

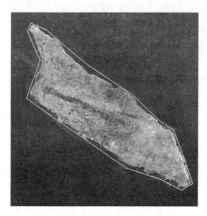

基于默认参数的椭圆区域目标,其长半轴为360km,短半轴为180km,方位为0°,质心纬度和经度均为0°

图 5.2 　 Aruba 区域目标　　　　　　　　图 5.3 　 椭圆区域目标

5.1.1 　 方法:国家、州和图形文件

对于从数据库 Countries and US States 中选择或者导入图形文件(∗.shp)创建的区域目标对象,其信息来自于建立在地理信息系统(GIS)或空间信息系统(SIS)中的多边形。该文件随即被转换为可用的 ∗.at 文件格式。图形文件包含了空间特征及其属性,其数据存储量小,易于读、写和编辑等(图 5.4)。

Index File Aruba.DBF							
ObjectID	FIPS_CNTRY	GML_CNTRY	ISO_2DIGIT	ISO_3DIGIT	CNTRY_NAME	...	COLORMAP
41	AA	ABW	AW	ABW	Aruba		
Feature Geometry Aruba.SHX							
** technical information for shapefiles may be found at: http://www.esri.com/library/whitepapers/pdfs/shapefile.pdf							

图 5.4 　 Aruba 图形文件

可以发现.xml 文件格式将属性文件和形状索引都嵌入到了文件中,基于美国联邦地理数据委员会(FGDC)元数据标准,包含经度、纬度和高度,以及坐标系和其他索引信息。

数据库 Countries and US States 有一列公共的图形文件,可以调用并自动转换为可用的区域目标文件格式。但是,如果选择图形文件定义一个区域,就需要将图形文件手动转换为区域目标文件格式(* . at)。图形文件存储了所关注的空间点。

STK 使用文件名信息作为标签。注意"Import Shapefile"中的"Name By"部分,该下拉菜单包含了图中所列 Aruba. dbf 文件的字段名称列表,这与嵌入在文件中的 Aruba. shp. xml 信息相同(图 5.5)。

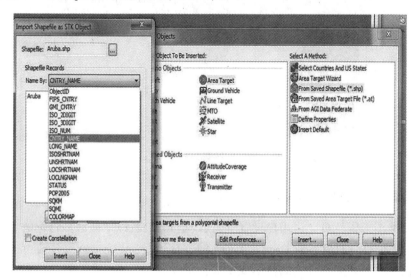

图 5.5　导入图形文件

5.1.2　方法:区域目标向导

区域目标向导允许用户创建多边形(也称为图案)或椭圆的几何特征。该向导帮助创建多边形的周界。此外,椭圆的边界也可通过选择长半轴、短半轴、方位和质心等,由用户自定义设置。

5.2　属性定义

5.2.1　基础属性

区域目标的基础属性用来定义对象实例的多边形或椭圆边界(图 5.6)。区域目标的中心点或质心对多边形而言在默认情况下是自动计算的,该点就是可视化中访问链路的端点。然而,质心也可以通过二维图形窗口手动设置,输入基于大地测量、球形、笛卡儿、圆柱或地心位置的质心纬度、经度和高程。椭圆的质心不是自动计算的,需要手动设置。

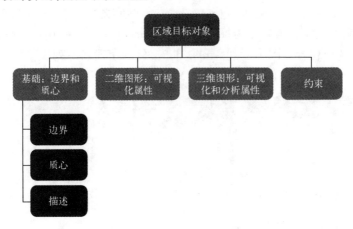

图5.6　区域目标基础属性

5.2.2　二维图形属性

二维图形属性页允许用户设置颜色、线型和宽度,以增强区域目标的可视化效果(图5.7)。对象参数 Display Times 的默认值是"always on",其他可能的参数值包括仅在访问事件期间显示或定义特定的时间范围。

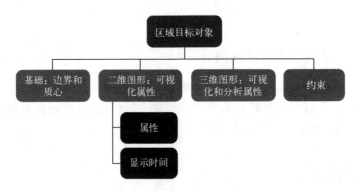

图5.7　区域目标二维图形属性

5.2.3　三维图形属性

多边形类区域目标对象的三维图形属性主要有属性和向量两个页面(图

5.8)。属性页面允许用户设置最大可视距离,用颜色(二维图形属性页面中选择的颜色)填充区域对象内部,选择透明度。三维图形属性页面还允许用户使用周界边界线创建边界墙,可以显示上下边缘。具体设置可基于 WGS84 坐标系、地形高度(Height from Terrain)或平均海平面(Mean Sea Level)三个选项进行。

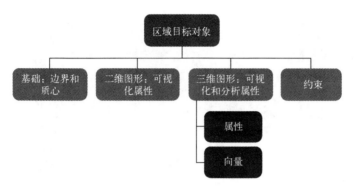

图 5.8　区域目标三维图形属性

1. 定义边界线位置

　　默认情况下,区域目标边界线的位置及可视化基于 WGS84 坐标系,因此边界的位置只能采用地球中心体。"Height from Terrain"选项对所有中心体均可用,允许用户参照地形文件的高度定义上边界和下边界的顶点位置(图 5.9、图 5.10)。"Mean Sea Level"选项仅对地球中心体可用。

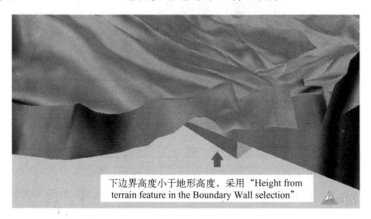

图 5.9　下边界

2. 向量

　　三维图形向量页面已经创建了基本的默认向量,可以显示和理解区域目标对象的向量几何关系。用户可以选择局部中心体来绘制对象,这对于区域目标位于另一个中心体而不是地球的情况尤为重要。地球是默认的,除非用户已经改变了中心体的轴向,否则区域目标将继续参照地球的位置绘制。在用户确认了中心体后,就可以参照中心体绘制区域目标,通过修改颜色、持续时间、部件尺寸、角度大小和箭头大小,增强可视化效果,参见图 5.11。

边界墙上边界设置为在"Height from Terrain Setting"上方

图 5.10 上边界

图 5.11 区域目标向量几何属性页面选项

5.2.4 约束属性

区域目标的约束(图 5.12)与其他对象稍有不同。约束基础页面可以修改最小高度角,其默认值为 0°。高度角基于地球表面的切平面,也就是众所周知的本地水平面。用户也可以选择计算整个对象的可见性。除非切换到关闭状态,视线(LOS)的默认参数是打开,将进行视线分析计算。

STK 对象有很多相同的属性。时间约束和之前在 STK 对象章节中讨论的一样,用于定义计算过程中可能涉及的对象。向量约束也和以前提到的一样,需要在三维图形向量页面设置向量的大小和方向。本章之后,除非对理解对象的功能有必要,公共的属性将不再赘述。

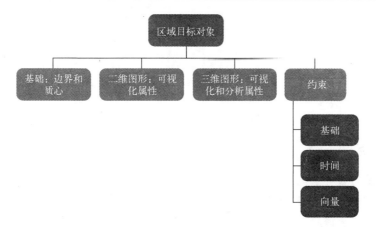

图 5.12 区域目标约束属性

第6章 目标、设施和位置

本章要点：

- 固定点对象定义方法
- STK 城市数据库文件
- 设施数据库文件

6.1 固定点对象

在评估位置数据时，经常需要创建一个静态的位置来表示特定的区域，可以是一座城市、一个装备、甚至仅仅是一个地点。在 STK 里，被建模成三类不同的对象：目标、设施和位置。但在结构和形式上，这三类对象本质上是一样的，其几何特征都是一个点。除了对象图标不同外，唯一真正的区别是 STK 对象扩展名：＊.t 表示目标，＊.f 表示设施，＊.plc 表示位置。目标、设施和位置对象都代表中心体上一个单一的固定点，可以是一个用经度、纬度和高度表示的目标位置，也可以是具有时间和空间信息的一座城市、一个设施或仅仅是一个固定位置。这些对象的定义方法是一样的，使用相同的数据库、文件和属性信息(图 6.1)。

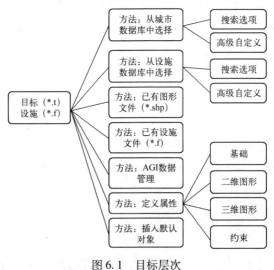

图 6.1 目标层次

52

在使用点文件时,既可用 STK 数据库里已有文件,也可在 STK 环境里自定义位置。城市、目标和地点均使用 STK 的城市和设施数据库文件。

6.2 城市数据库文件

尽管关于城市数据库文件的大部分信息都在帮助文档里,但并不是所有的信息都容易找到。以下信息可以帮助用户在 STK 中轻松创建自己的数据库。STK 帮助文档将城市数据库定义为 stkCityDb. cd、stkCityDb. cc 和 stkCityDb. gd 三种必需的格式。stkCityDb. cd 是主数据库;stkCityDb. cc 表示国家文件;stkCityDb. gd 提供最新更新的信息。所有这三种文件格式对城市数据库的使用都是必要的。默认的 STK 城市数据库已经包括了相当数量的城市和国家列表,可以满足一般的应用。但是,很多用户都会利用 STK 优势定制专门的城市数据库(图6.2)。

图6.2 2.5 维地图覆盖城市

仔细研究这三类文件格式的特性,用户就可以定制自己的城市数据库。所有的 stkCityDb. cd、stkCityDb. cc 和 stkCityDb. gd 文件在目录 C：\ ProgramData \ AGI\STK 9\Databases\city 下存放,可用 Notepad 或文本编辑器打开查看。

文件 stkCityDb. cd 的列信息也可以在帮助文档中找到,具体如表6.1 所示。列项不能代表特定属性类型的模板文件,仅用于帮助用户从模板中找到正确的列位置。

表6.1　stkCityDb. cd 文件的城市数据库信息

列　　项	属性描述	使用的列数	列　位　置
1	唯一标志符	7	0～6
2	城市名称	30	7～36
3	城市类型(任选一) 聚居地 商业中心 首都	2	37～38
4	国家	20	39～58
5	省/州	40	59～98
6	省排名	3	99～101
7	人口	11	102～112
8	人口排名	3	113～115
9	纬度/(°)	17	116～132
10	经度/(°)	17	133～149
11	中心体	12	150～162

城市数据库 stkCityDb. cd 文件格式如图6.3所示，stkCityDb. gd 文件格式如图6.4所示，stkCityDb. cc 文件格式如图6.5所示。

```
358456 Aiea                           1 USA                 Hawaii          21.3822222  -157.9336111 Earth
358587 Anahola                        1 USA                 Hawaii          22.1452778  -159.3155556 Earth
358717 Captain Cook                   1 USA                 Hawaii          19.4969444  -155.9216667 Earth
358767 Ewa Beach                      1 USA                 Hawaii          21.3155556  -158.0072222 Earth
358794 Eleele                         1 USA                 Hawaii          21.9102778  -159.5872222 Earth
358806 Ewa                            1 USA                 Hawaii             21.3425  -158.0402778 Earth
358840 Haena                          1 USA                 Hawaii          19.6455556  -154.9877778 Earth
358858 Haiku                          1 USA                 Hawaii             20.9175  -156.3258333 Earth
358872 Haina                          1 USA                 Hawaii          20.0961111  -155.4719444 Earth
358907 Halawa                         1 USA                 Hawaii          20.2269444  -155.7683333 Earth
358908 Halawa                         1 USA                 Hawaii          21.1597222  -156.7422222 Earth
358941 Haleiwa                        1 USA                 Hawaii          21.5902778     -158.1125 Earth
359013 Hana                           1 USA                 Hawaii          20.7580556  -155.9902778 Earth
359039 Hanalei                        1 USA                 Hawaii          22.2052778  -159.5027778 Earth
359058 Hanapepe                       1 USA                 Hawaii          21.9119444  -159.5952778 Earth
359060 Hanapepe Heights               1 USA                 Hawaii          21.9202778  -159.5922222 Earth
359116 Hauula                         1 USA                 Hawaii          21.6105556  -157.9108333 Earth
359139 Hawi                           1 USA                 Hawaii          20.2413889  -155.8327778 Earth
359187 Hilo                           1 USA                 Hawaii          19.7297222       -155.09 Earth
359269 Honaunau                       1 USA                 Hawaii          19.4269444  -155.9130556 Earth
359281 Honokaa                        1 USA                 Hawaii          20.0827778     -155.4725 Earth
359668 Kahakuloa                      1 USA                 Hawaii          20.9997222  -156.5538889 Earth
359673 Kahala                         1 USA                 Hawaii          21.2697222  -157.7863889 Earth
359693 Kahana                         1 USA                 Hawaii          21.5580556  -157.8791667 Earth
359698 Kahana                         1 USA                 Hawaii               20.98       -156.68 Earth
359833 Kahuku                         1 USA                 Hawaii          21.6802778  -157.9511111 Earth
359843 Kahului                        1 USA                 Hawaii          20.8947222       -156.47 Earth
```

图6.3　stkCityDb. cd 文件示例

```
BEGIN DatabaseUpdate
Version 1.0
LastUpdate 20090120
END DatabaseUpdate
```

图6.4　stkCityDb. gd 文件示例

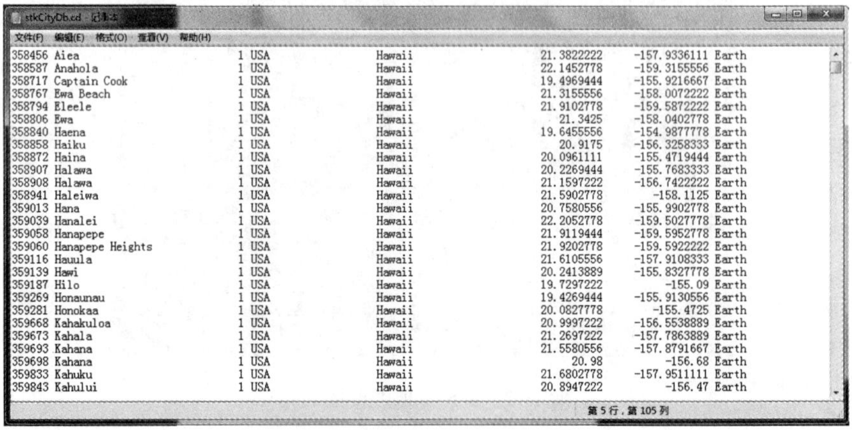

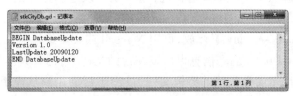

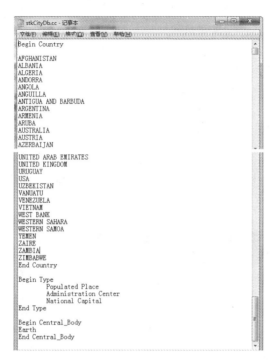

图 6.5　stkCityDb. cc 文件示例

6.3　设施数据库文件

　　设施数据库也是可以定制的。设施是特定位置的组网。举个例子,对于雷达天线组网,用户可以将其表示为一个单一的位置,也可以绘制出接收卫星遥测信息的所有 NASA 站点。不论用户的特殊需求是什么,都有可能创建出自己的设施数据库。仔细研究下面所列文件,就可以在 STK 里轻松建立自己的网络并使用它。STK 帮助文档将地面站数据库定义为 stkFacility. fd、stkFacility. fn 和 stkFacility. gd 三类必需格式。stkFacility. fd 是主数据库文件,stkFacility. fn 表示设施网络类型,stkFacility. gd 提供最新更新的信息。设施网络文件 stkFacility. fn 既包括网络类型(如 NASA STDN),也包括中心体选择。注意,要使数据库正常运行,三类文件都必须格式正确,且存放在正确的数据库目录下,即 C:\Program-Data\AGI\STK 9\Databases\Facility。

　　设施数据库 stkFacility. fd 文件格式如表 6.2 所示。

表 6.2　stkFacilityDb.fd 文件的设施数据库信息

列　　项	属 性 描 述	使用的列数	列　位　置
1	地点名称	37	0～36
2	网络类型	12	37～48
3	纬度/(°)	10	49～58
4	东经	11	59～69
5	高度	7	70～76
6	中心体	12	78～79

设施数据库 stkFacility.fd、stkFacility.fn 及 stkFacility.gd 的文件格式如图 6.6～图 6.8 所示。

图 6.6　stkFacility.fd 文件示例

图 6.7　stkFacility.fn 文件示例

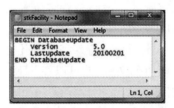

图 6.8　stkFacility.gd 文件示例

6.4　静态点对象

城市、设施和地点是 STK 最简单对象，是一个静态点，具有地理位置，用经度、纬度和高度表示。第 7 章将介绍质点，其具有向量几何，且可对运动建模。

第7章 移 动 对 象

本章要点：

- 移动对象和时间
- 点、质点和向量几何
- 移动对象积分器

7.1 引言

如前几章所述，STK 对象的几何特征定义为点、线或多边形。移动对象是一个具有向量几何特征的点。在物理学和计算机科学中，这个特殊的点称为质点。飞行器质点采用向量几何来建立移动对象路径、指向和行为的鲁棒分析模型。时空信息系统使用质点物理模型来评估对象随时间的运动、速度和指向。移动对象包括地面车辆、舰船、飞机、运载火箭、导弹和卫星。本书重点探讨飞机和卫星的高级运用。飞机和卫星是最常用的对象，有些会涉及运载火箭和导弹。由于这些对象都具有质点结构，包含向量几何和物理属性，所以一般的规则均可用于这些移动对象。

在本体论关系的参数中，必须要完整地定义一个对象。在这一点上，移动对象也不例外。事实上，由于要在关系建立之前通过对象属性定义预测对象运动或传播，所以本体论细节将更加完善。让我们回顾一下类似 STK 的时空信息系统的定义，比较一下它与常用空间分析领域中空间信息系统的不同之处(图 7.1)。

空间分析是对坐标系中对象和事件位置的一般研究。当建立对象或事件的关系时，首先要深化对空间的理解。随着关系的完善，将出现多种模式和空间关系。在分析中加入时间相关，将会拓宽用户对预测运动或事件的理解，在更大程度上考虑向量几何的属性。

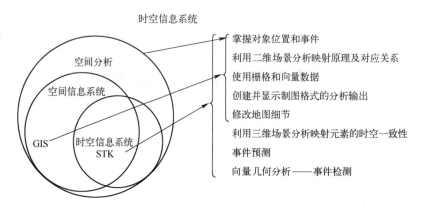

图 7.1　时空信息系统

7.2　基于时钟的时空分析

　　著名的地理学之父 WaldoTobler 博士曾做过一次关于我们身边对象关系的观测。他说:"任何事物都相关,只是相近的事物关联更紧密。"这个论断就是著名的地理学第一定律。在物理学中,牛顿也发现了类似的定律:定性或定量分析可以发现事物随时间的变化关系。根据对象之间的距离,这些关系动态地相互依存。关系中的对象相距越远,其动态影响越小。方向、向量运动、速度以及质量比例,也动态影响对象运动(图 7.2)。

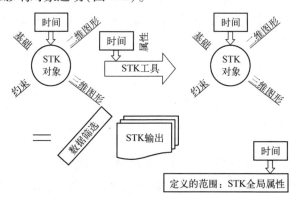

图 7.2　本体论关系和时间属性(完整的本体论)

　　地理学定律反映了物理学定律。对于中心体和应用物理学来说,可以考虑牛顿的"平方反比定律",即动态影响的数量或强度与对象之间的距离成反比。物理学、计算机科学建模和地理学应用领域的交叉融合形成了"时空分析"研究领域。这里,从空间信息系统的角度,趋向于通过计算机仿真将地理建模和物理学应用进行学科融合。地理建模和物理学应用的这种独特融合,有助于在任务前或任务后分析过程中形象解析地观察基于物理学的动力学特性。当包含时间因素时,就会发现关系将更加复杂。

时空分析使得用户可以定性和定量评估在差异性和相似性上或近或远条目之间的关系。时间是软件里每个场景、对象和工具的有机组成部分。理解这一点很重要。时间范围可以改变任何层次上分析的动力学特性,不论是全局的还是局部的对象或工具。在分析时间框架内,随着时间要素全局嵌入整个地图分析,以及局部嵌入所引入的每个对象,本体论研究中的每个要素都对时间敏感。将重点放在第四维度,关注由 STK 中心时钟驱动的对象,将会拓展时空信息系统(STIS)的分析能力,不仅是空间分析,还包括距离、时间和指向。

7.3　点、质点和向量几何

当使用坐标系统描述物理模型时,通常会用点表示特定时刻的一个特定坐标位置。对于陆地上的位置,采用经度、纬度和高度坐标。有了这些信息,理解了所使用的参考系和已经设置的点位置,就能找到并使用该点所表示的对象的区域。在 STK 中,用点来表示静态对象,如目标或设施。

当给点添加向量和受力分析并使其运动时,它就会随着时间改变自身的位置,此时将该点看作质点。质点表示移动对象的质心,如地面车辆、舰船、飞机、卫星、运载火箭或导弹等。理论上,STK 软件中的质点描述力的经典力学计算,如阻力、方位、速度等。这些计算结果的准确度和精确度由用户在对象属性中定义。正是在这些属性中,用户可以为每个对象设置方程和约束。对于给定分析,用户可选择遵守物理学定律或用一般的方程,如用户定义属性错误,则会导致不遵守物理规律(如将地面车辆属性设置为以 1000km/h 的速度向 $+z$ 方向 10000km 高度运动),默认参数保证了分析的实际性。如图 7.3 所示为弗吉尼亚瓦尔胡岛上无人机与卫星相对运动仿真,只要将对象属性定义好,就可进行链路和通信评估。

STK 对象中的向量几何允许用户定义运动。通常,STK 分开处理分析和可视化,对向量几何也是如此。默认情况下,向量几何是对象积分器的一部分。为了可视化软件中的向量几何,需要在三维图形向量页面中打开可视化参数。如果要创建自定义向量,用户可以使用向量几何工具(VGT)。VGT 是非本体论工具,将在后面的章节讨论。

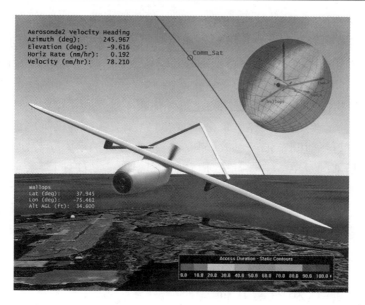

图 7.3　无人机和卫星的相对运动仿真

　　STK 将向量几何特性加入对象固有属性，支持位置、速度和指向等定义。如需更深入及更广泛理解，可参考牛顿物理学的入门书籍或 Jerry Sellers 博士的著作《理解航天》(*Understanding Space*)。

7.4　移动对象积分器

　　STK 软件的优势体现在可以对每个对象进行鲁棒的、定义明确的属性开发。这也就是采用本体论方法研究对象的原因所在。采用这种方式可以最佳地满足分析需求。对于移动对象，展现基于物理的运动所需的保真度水平由积分器的定义确定。当用户改进移动飞行器的属性时，要评估速度因素，甚至是阻力、升力和推力也要以更加鲁棒的力学模型考虑。对属性的改进越好，在给定的环境中，计算运动所要考虑的力学和物理因素越多。STK 具备将所给的力学模型应用于合适的对象积分器和可能出现的领域的独特能力，这就使得用户可以在计算所需的计算资源和分析所需的计算精度之间进行权衡。

　　STK 动力学允许多个移动和静止对象在多种环境（地球、天空、太空）下使用多种工具，在相同的分析时间范围内计算所有对象随时间的变化（图 7.4）。处理这种强度计算的典型方法是在选定的时间步长内，根据所选择的地形粒度或重力模型进行插值运算。这是 STK 的优势。

时间	位置A	Δt	位置B
06:00	$x, y, z + x', y', x' + x'', y'', z''$	10	$x_1, y_1, z_1 + x_1', y_1', x_1', + x_1'', y_1'', z_1''$
06:10	$x_1, y_1, z_1 + x_1', y_1', x_1', + x_1'', y_1'', z_1''$	10	$x_2, y_2, z_2 + x_2', y_2', x_2', + x_2'', y_2'', z_2''$
06:20	$x_2, y_2, z_2 + x_2', y_2', x_2', + x_2'', y_2'', z_2''$	10	$x_3, y_3, z_3 + x_3', y_3', x_3', + x_3'', y_3'', z_3''$

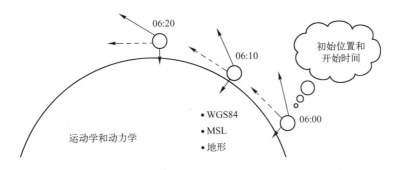

图 7.4　理解时间和位置

7.4.1　地面车辆

地面车辆对象主要利用大弧积分器(Great Arc)进行预报,基于点对点计算。地面车辆对象也使用星历表或者实时数据注入,其经常用于 C^4 ISR 建模。地面车辆是移动对象类中最简单的一种。

7.4.2　飞机

飞机对象是鲁棒的,利用分析曲线(Analytic Curves)建立弧模型。积分器有多种,从简单的大弧积分器到飞机任务模型器(AMM)。作为质点,飞机对象的所有积分器都有姿态属性。但如果使用了 AMM,那么默认的姿态能力将会被 AMM 的特征所覆盖。在第 8 章飞机对象中将进一步讨论。

7.4.3　卫星

卫星对象可以使用多种积分器进行定义,具有很强的建模能力。解析、半解析和数值积分传播选项不仅使用户可以定义考虑计算资源消耗的分析精度,而且可以处理一些专门的约束,如 GEO 轨道带排除、地形平整度等。在第 9 章和第 10 章,将深入讨论卫星对象的属性,以及这些属性如何影响卫星的建模行为。

7.4.4　运载火箭

作为质点的运载火箭,采用下层属性对飞行器从发射到入轨的发射序列进行建模。上升段轨迹的计算采用简单的 STK 外部插件(星历表) – 直接上升积分器(Simple Asent),或者实时连接。基础默认属性具有独特的、鲁棒的专业积分工具,考虑了推力、阻力、升力和重力,以及偏航、俯仰和滚动,每一项都有明确的任务,可以给出大致正确的分析。

　　运载火箭具有让其他飞行器跟踪相同飞行轨迹的独特能力。运载火箭分别采用附加的 Astrogator 和导弹建模工具(MMT)积分器对卫星和导弹进行建模。例如,如果要再现历史上的航天飞机发射,将会用运载火箭来对固体火箭助推器进行建模,并将航天飞机建模成一个重型航天器。类似一个重型飞机的航天飞机进行建模。航天飞机使用 Astrogator 积分器的"Launch to Follow Sequence"进行创建(图 7.5)。运载火箭需要考虑来自航天飞机质量的额外地球引力,以及分离时的质量损失。运载火箭超出了本书的范围。

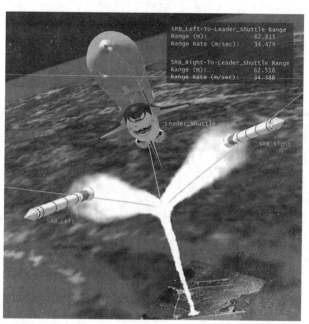

图 7.5　Astrogator 积分器使用"Launch to Follow Sequence"关联对象

7.4.5　导弹

　　导弹对象也具有独特的传播能力。导弹积分器包括弹道(Ballistic)、STK 外部(STK External)、二体、高精度轨道传播(HPOP)和实时数据接入等。导弹建模工具(MMT)不是 STK 软件的标准工具。但是,在 STK 中使用 MMT 及其他工具,可以拥有复杂的飞行建模能力。采用动力学拦截器和综合导弹防御设计进行点到点的轨迹分析,可以生成精确的导弹建模场景。作为空中飞行器,导弹对象处理飞行过程中的受力问题,也具备路径轨迹仿真和相位分析能力。MMT 的鲁棒特性超出了本书的范围。

7.5 MTO

当使用通视工具时,移动对象和静态对象都动态地相互联系(图 7.6)。如果使用多追踪对象(Multi – Tracking Object, MTO)来描述 STK 对象,那么可显示和可分析对象的数量会很大。在 STK 中也可进行完整的 ISR 分析。

如果要了解更多的关于飞行器传播以及牛顿定律如何用于空间 N 体运动计算的内容,推荐阅读 David Vallado 的著作《航天动力学基础与应用》(*Fundamentals of Astrodynamics and Applications*)。

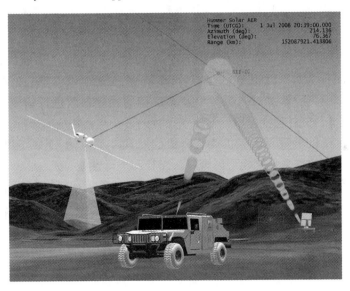

图 7.6　静态和移动对象建立动态关系

第8章 飞　机

本章要点：

- 飞机对象
- 飞机任务建模器
- 运载火箭

8.1　引言

STK 飞机对象使用简化的大弧积分器和复杂的飞机任务建模器（Aircraft Mission Modeler）对飞机的飞行过程进行建模，在飞机对象的重心处将飞机假设为质点。空中飞行器也对飞机类型及其独特的物理参数进行建模。有了 STK 这样的时空信息系统，就可以评估质点飞行的可变几何特征的影响。众所周知，全尺寸 B-52 的处理与无人机或直升机的处理是不同的。STK 能够使用软件任务建模器中的增强性能模型展现飞行路径和飞行性能。

STK 空中飞行器包括飞机、运载火箭和导弹对象。一般地，它们都能从 STK 空中对象所建模的动力学角度，对飞行过程进行模拟。空中对象对位置和指向进行建模，参考地球地形和引力模型来表现飞行动作。由于具备了对空中飞行器位置、指向和飞行建模的能力，所以可以从有效载荷、频率和地形等方面来评估任务。当使用通信子对象时，用户还可以评估传感器覆盖区域、信号强度和地形等。

当空中有多个飞行器时，用户可以评估飞行器及其路线之间的关系。这种形式几何分析的一个例子是 STK 处理飞机路线冲突能力的方式，分别计算一个空中飞行器的路线、接近的水平距离、高度差和基本的预测轨迹。STK 可用于处理飞机避开近程导弹及弹道预测路线冲突，由于所有的飞机性能模型都有其特有的物理参数和积分能力，在具体评估时需考虑细节。本章将进一步探讨飞机对象，并介绍运载火箭。一般来说，只要用户掌握了大气飞行器原理，其他飞行器原理也易于理解。

8.2　飞机对象

默认的飞机对象使用基于物理学的向量几何属性,以质点几何和线的形式图形化展示,以可视化对象的位置和积分路径。基础默认路径积分能力采用大弧积分器,一般的质点对象使用网格模型进行可视化。当用户选择任务建模器路径积分器时,易于修改,鲁棒性更好,可细化飞机性能模型的属性。

如图 8.1 所示,要建立飞机对象,有四种主要的方法可供选择:已有的飞机文件、AGI 数据管理、飞机属性选项或使用大弧积分器插入默认的飞机。所有这些方法,在 STK 对象浏览器里出现飞机对象后,都可以更改飞机属性(图 8.2、图 8.3)。STK 飞机对象质点在路径积分计算过程中有默认的向量几何,以确定对象的位置。

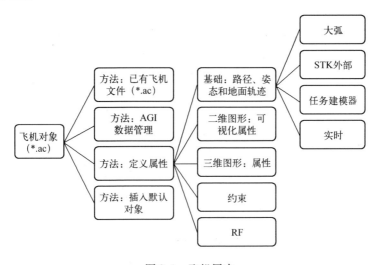

图 8.1　飞机层次

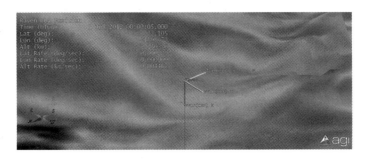

图 8.2　默认向量几何

图8.3　体坐标系

8.3　飞机路径积分器

在基础路径属性页,积分器决定了飞机或无人机飞行所呈现的精度和逼真度。飞机对象有几个重要的基础属性,包括用于设置路径积分器的 Route 属性、定义姿态的 Attitude 属性和添加地面轨迹的 Ground Ellipses 属性。路径属性可选的积分器有四种:大弧(Great Arc)、STK 外部(STK External)、任务建模器(Mission Modeler)和实时(Real Time)(图8.4)。

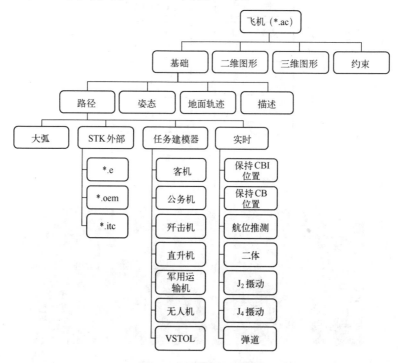

图8.4　飞机路径积分器

为了简化分析,当飞机从一个地方向另一个运动时,大弧积分器(默认)反映其纬度、经度和高程信息的位置变化,以及速度、加速度和最小转弯半径等。STK External 允许用户导入星历文件直接驱动飞机对象。这些数据可来自 STK 软件,其扩展名为 *.e;也可来自空间数据系统咨询委员会(CCSDS),其扩展名为 *.oem。必要时,美国政府许可人员也可导入 *.itc 格式的星历文件。

如果用户不采用路径积分器预报而是使用星历表生成位置数据,那么 STK 飞机也可利用星历表。大多数星历表均有相同的基础数据,适用于多种空中飞行器。对正在建模的对象来说,确保使用正确的运载器数据可能是一个好主意,比如一架飞机对象的 aircraft.e 文件。如果飞行器星历表不正确,就会得到预想不到的飞行器路径结果。

另外,实时积分器允许接入遥测数据、预测数据(Look Ahead)或插值计算的投影位置数据。所有数据均可存档。Look Ahead 属性有几个选项,实时积分器使用 STK Connect 和软件互联。当使用近实时积分器时,在场景 Basic/Time 属性页中修改全局属性,并将其设置为 Mean Sea Level 是比较好的选择,可以获得较好的飞行性能。

要定制可以逼真模拟飞行过程的路径时序,展示横倾斜、跟随地形、垂直和短距起降等过程,可以使用飞机任务建模器(AMM),它提供了重现真实飞行所需的特征。AMM 对飞机机动能力的建模可理解为可靠的事前分析和事后分析。图 8.5 和图 8.6 是来自 AGI 场景的飞行实例,展示了部分强大的路径序列。

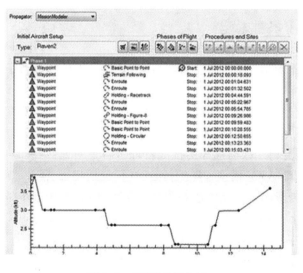

图 8.5　AMM 飞行实例 1

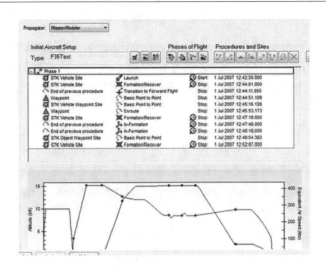

图 8.6 AMM 飞行实例 2

STK 使用分析曲线来评估路径预测。从点到点的线段中可以生成位置数据,以地平坐标系形式存储。与真实的飞行仿真相比,该方法计算过程简单,计算量不大,可以减轻计算机处理器依据所定义的飞机参数开展路径预测和飞行性能计算的负担,使其有足够的内存可以有效计算传感器和通信活动。弧段足以表征飞行路径,不会给内存带来很大负担。

8.4 飞机任务建模器

任务建模器的积分能力已经非常强大,并且是鲁棒的。当正确的飞行器和正确的对象匹配时,飞机性能已经被证实为在很多方面都是精确的。Sensis 公司,即今众所周知的 Saab Sensis 公司,提供航线和机场操作管理支持,已经对飞机任务建模器的确认和验证(V&V)进行了评估。V&V 使用一个波音 747 - 200 系列飞机模型,并将结果与已知的性能特征进行了对比:空速、高度 vs. 真实空速、高度 vs. 时间、AMM 模型程序的任务时间,包括起飞、爬升、加速、巡航、下降和着陆等。报告指出,"STK 中建立的 B - 747 模型的轨迹与外部的 gold 轨迹很接近,只是有些许差别"(Project Summary,STK B - 747 Aircraft,2005)。详细的V&V 报告可从 vv@ agi. com 中获取。

飞机任务建模器的姿态由专家系统逻辑确定。该软件模块以一个飞行员思考任务的方式进行设计。Tom Neely,航天工程师和美国空军 F - 14 战斗机退役飞行员,是 AGI 公司 AMM 项目主管专家中的一员。他将 AMM 描述为:

任务、阶段、过程、地点、飞机、性能模型之间的关系(集成)。实际上,任何事物都是一个插件。AMM 是一个由复杂飞行力学引擎环绕的大的专家系统。过程与性能模型一起决定飞机的行为,性能模型定义飞机的能力约束。过程是相对于一个一般的 Site 对象定义的。Site 对象通常是一个导航点或一个飞机跑道,几乎可以是任何事物。一架飞机是各种类型性能模型的集合体。飞机被设计为可对格斗性能进行建模,包括最大射程或持续巡航性能,在中间的任何性能。过程包含在阶段中,对于一个给定的阶段类型,用户必须选择单一的性能模型。每种类型必须指定单一的方式进行起飞、爬升、巡航、下降、着陆等。这使得典型的作战任务可被建模为"向站点飞行""参与作战""返回基地"等。

AMM 有一个可供选择的飞行性能模型的目录:客机、公务机、战斗机、通用航空器、直升机、军用运输机、涡轮螺桨飞机、无人机和垂直短距起降飞机。每个模型在其性能模型属性页中都有不同的物理性能,使得可以进行更加精确的飞行建模和仿真。性能模型可自定义,以匹配特定飞机的独特属性。由于每个性能模型页面用于与特定的性能相匹配,用户可随时选择软件中的帮助来理解STK 是如何计算 AMM 中的这些属性的。

当飞行动力学是在平均海平面地球球体表面参考下计算时,飞机行为处理得最好(图 8.7)。全局设置位于场景根目录下,在三维图形全局属性页面。虽然使用默认 WGS84 椭球的大地水准面算法有效,但使用 MSL 作为表面参考的计算可给出更加切合实际的计算结果,飞机位置的改变是通过插值得到的。

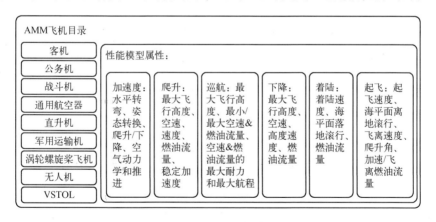

图 8.7　AMM 性能模型

AMM Route Development 根据属性页中飞机的初始状态,使用 Phases and Procedures of Flight 进行创建,也可使用三维图形窗口中的 3D Mission Editor 工具(图 8.8)进行创建和修改。此外,数字航空飞行信息文件(DAFIF)易于在

STK 使用,用于使用飞机 Basic/Route 属性页或 3D Mission Editor 工具的 AMM 路径生成。DAFIF 数据也可在 STK 二维和三维图形窗口属性中使用,用于可视化。另外,这些文件可结合 GIS Analyst 和 Analysis STK 模块使用。DAFIF 文件目前仅能通过美国国家地球空间情报局(NGA)获取。

图 8.8　AMM 工具栏

8.5　基于 AMM 的飞行器转换

理解 STK 中的偏航、俯仰和滚转(YPR)运动转换是很重要的。这可通过结合质点向量几何和飞机行为建模应用物理学来实现。以地球为参考,关于对象位置的评估是本质。YPR 包括向前、向上和向左,转动建模需要大量的计算。STK 不采用标准的欧拉角来描述偏航、俯仰和滚转,而是采用三次转动序列的概念来评估。对于图 8.9 中的场景,该方法不管哪个轴在动,而是让 YPR 序列围绕轴 X'、Y'、Z' 旋转。偏航是绕 Z' 轴旋转,运动方向可以是 ZXY、ZXZ、ZYX、ZYZ。俯仰是绕 Y' 轴旋转,运动方向可以是 YXY、YXZ、YZX、YZY。滚转是绕 X' 旋转,运动方向可以是 XYX、XYZ、XZX、XZY。所有轴的旋转都为逆时针方向(图 8.10、图 8.11)。本质上,由于用右手法则定义绕轴的转动,所以它表示角度和向量。关于转动序列的更多解释和 AMM 处理运动的方式,可在帮助文件中找到。

图 8.9　飞机可见性和通信评估

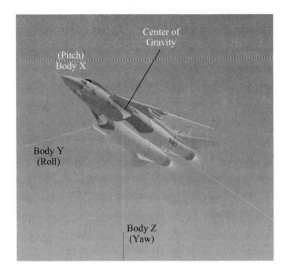

图 8.10　YPR:旋转轴沿运动方向

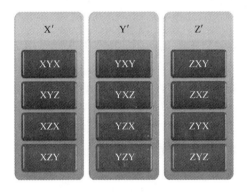

图 8.11　YPR 旋转表(逆时针方向)

第9章 卫 星

本章要点：

- 卫星定义
- STK 卫星对象
- 卫星积分器
- 数据源对积分器选择的影响

9.1 什么是卫星？

STK 中的卫星是一类移动飞行器，主要在重力作用下绕另一个对象运动。例如，国际空间站就是一个绕地球轨道运行的卫星。尽管其他的外力，如大气阻力或太阳光压，也影响卫星的运动，但与主要的中心体引力相比，这些力都被认为是小量，称为摄动。

9.2 在 STK 中创建卫星

在场景中插入卫星对象的方法有多种(图9.1)，但在使用这些方法之前，确保 STK 有可用的最新数据是非常重要的。AGI 定期更新卫星数据库、GPS 星历、地球指向参数和每天的空间气象数据等。用户通过"工具"(Utilities)下拉菜单中的"数据更新工具"(Data Update Utility)选项可访问所有的数据(图9.2)，可更改场景和卫星全局信息。

"数据更新工具"既可手动运行，也可自动运行(图9.3、图9.4)。手动运行时，AGI 系统中新数据显示为红色，核对期望下载的数据，然后点击"现在更新"(Update Now)。要设置自动更新(强烈推荐)，只需要启动"自动更新启动"(Enable Automic Updates)，选择相应更新文件并指定频率和开始时间，然后点击"OK"或"应用"(Apply)。

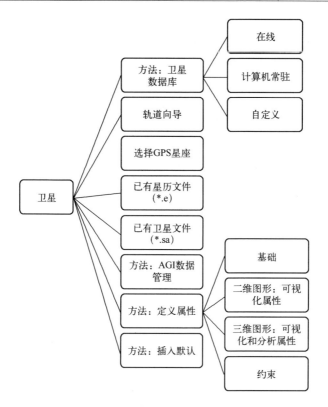

图 9.1　卫星层次

图 9.2　卫星数据更新工具

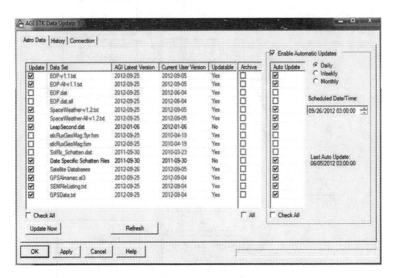

图 9.3　更新前的页面

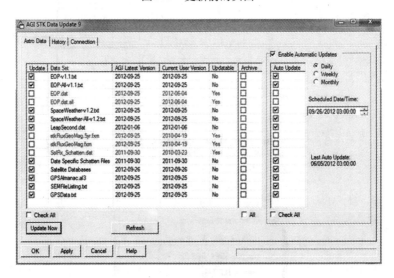

图 9.4　更新后的页面

9.2.1　从数据库插入卫星

如果具备最新轨道数据,添加卫星最简单的方式为创建卫星对象时选择"从卫星数据库选取"(Select from Satelite Database),该方法使用 NORAD 的两行轨道根数和 SGP4 轨道积分器,提供中等精度的建模,其优点为几乎所有被美国太空监视网(SSN)跟踪的目标数据均可用。截至目前,收录有超过 15000 颗目标。

点击"从卫星数据库选取"会弹出一个对话框(图 9.5),用户可通过卫星名称(或名称的一部分)、SSC 编号或高级搜索来查找卫星。用户也可指定从 AGI 服务器获取数据以确保获取最新的 TLE 数据,或者指定用其他选项,比如加载本地计算机文件。

注意,卫星搜索的一个默认标准就是卫星必须是可用的,如果用户要寻找失效卫星、火箭箭体或残骸,不要忘了取消"using the Advanced Filter"选项(图 9.6)。此外,如果某个特定的对象没有 TLE 数据可用,将不会返回搜索结果,除非用"Modify"按钮修改配置并且取消"Filter search results by TLE availability"选项。为了避免在尝试添加没有 TLE 数据的卫星时出现错误消息,该选项默认选中(图 9.7)。

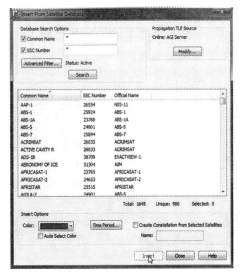

图 9.5　从卫星数据库插入卫星

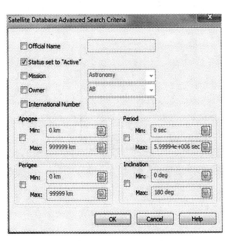

图 9.6　卫星高级搜索

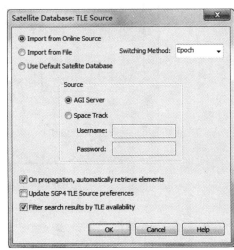

图 9.7　卫星数据库 TLE 源

9.2.2　GPS 卫星

如果要向场景中添加一颗或多颗 GPS 卫星,最好的方法是从 GPS 星历文件中插入卫星。星历是 GPS 接收机所用的特定轨道数据,用来确定 GPS 星座中所有卫星的轨道位置。积分器仅采用基本的二体开普勒运动模型,但 GPS 轨道体制允许这种简化,且所得轨道位置比用 TLE 数据确定的轨道位置精确一个数量级。选择"加载 GPS 星座"(Load GPS Constellation)可加载整个 GPS 星座并使用最新的星历数据。如果用户对 STK 星座不熟悉,请参考第 12 章内容。

当"从 GPS 星历插入"(Insert from GPS Almanac)面板打开(图 9.8),只需指定数据来源并选择需要的卫星(由 PRN、SVN 和 SSC 编码识别)即可。

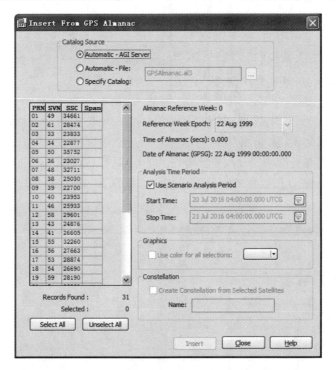

图 9.8　从目标选择 GPS 卫星

9.2.3　轨道向导

从 STK 下拉菜单的"插入 STK 对象"(Insert STK Objects)选项可使用轨道向导,该工具提供灵活可视接口,可定义多种轨道类型(圆轨道、极轨道、太阳同步轨道、地球同步轨道、大椭圆轨道、回归轨道、轨道设计器、太阳同步回归轨道等）。从图9.9可看出，轨道设计器允许用户手动输入或使用滚动条来调整开普勒轨道根数。轨道向导为创建多种基本的轨道类型提供了便捷方式，是一个极好的教学工具。

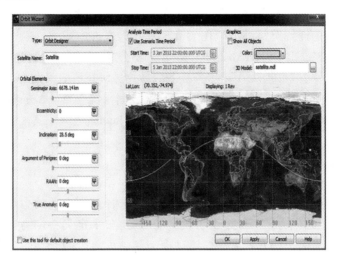

图9.9 轨道向导

9.2.4 从星历文件插入卫星

"插入已保存外部星历文件"（Insert from Saved External Ephemeris File）允许用户加载卫星星历文件，该文件包含了带时间标记的笛卡儿坐标或球坐标（如纬度、纬度和高程）状态向量，以STK定义的格式存储。这种格式在STK帮助文件里有详细的定义，可用于几乎任何力学模型的轨道建模，包括轨道机动。事实上，获取几乎任何文本的星历文件，然后用文本编辑器来调整格式，接着提供两行轨道数据来描述坐标系和时间系统，从几乎任何力学模型和坐标系中输入数据，这些都是很简单的。在STK中加载星历文件，确保了所有轨道都在统一坐标系下进行分析和描述。该方法曾用于早期的空间数据中心（Space Data Center），确保所有卫星均在同一坐标系中描述，可以纳入所有的机动（包括用离子推进器产生的机动）。

9.2.5 卫星对象设置

用户通常从简单创建一个卫星对象开始，然后通过属性面板设置轨道参数。STK提供的每种积分器都可通过轨道标签的下拉菜单选择。许多积分器的参数和选项都是相同或相似的。例如，TwoBody、J2Perturbation、J4Perturbation、HPOP

和 LOP,每个都需要定义坐标类型(Classical、Equinoctial、Delaunay Variables、Mixed Spherical 和 Spherical)和坐标系统(Fixed、ICRF、MeanOfDate、MeanOfEpoch、TrueOfDate、TrueOfEpoch、B1950、EMEOfEpoch、TEMEOfDate、AlignmentAtEpoch 和 J2000),设置历元,然后再设置个别的状态值。这里可灵活设置大量的选项,每个选项的详细资料都可以在大量 STK 帮助文件中找到。

对于 SGP4、GPS、STKExternal 和 SPICE 积分器,必须加载特定格式的文件,而且前两种情况可直接从 AGI 服务器获取数据。SPICE 格式允许对复杂的深空任务(如月球探测轨道飞行器)进行建模,其数据来源于 NASA 的行星数据库系统(http://naif.jpl.nasa.gov/naif/data_archived.html)。

9.3　卫星积分器

要定义卫星运动或预报卫星运动,就必须选择一个合适的力学模型来表示作用在卫星上的合力。STK 提供了大量的积分器,来定义特定力学模型作用下的卫星运动,从简单的开普勒二体运动模型到各种复杂的非均匀中心引力场模型。高精度的 HPOP 积分器考虑了太阳、月球和行星等三体引力、大气阻力、太阳光压、甚至中心体表面形状的影响。用户也可利用定制软件对其他的力(如离子推进)进行模拟,包括使用 STKExternal 或 SPICE(http://naif.jpl.nasa.gov/naif/spicecon cept.html)格式的外部星历文件来模拟运动。

适当积分器的选择取决于分析的目的。要演示不同轨道属性下(如轨道倾角或偏心率)卫星的基本运动,开普勒二体模型就足够了。要证实地球扁球形所带来的长期影响或缓慢的非周期性变化,就需要 J2Perturbation 积分器。要预测地面站对 LEO 卫星的观测弧段,就需要考虑大气阻力影响的模型。对于每种情况,用户必须在所需的结果精度和高精度力学模型所带来的计算负担之间进行权衡。

9.4　积分器类型

通常,积分器可分为解析型、半解析型和数值型三种基本类型。数值型积分器对作用在卫星上的所有力进行数值积分,可以处理非常复杂的力学模型,为力的建模选择提供了很大的灵活性。但是,数值型积分器计算量大,必须从某个特定的初始状态开始积分,才能得到任何其他时刻的状态。STK 提供了两种数值积分器:HPOP 和 Astrogator(参见第 10 章)。

解析型积分器直接利用解析模型计算任意时间点的状态,不需要对力进行积分,降低了计算量。要推导出解析模型,需要限制力的模型(不能太复杂),并进行简化假设(比如:小偏心率)。因此,尽管解析型积分器的计算速度很快,但往往精度较低,而且在力学模型的选择上没有或只有很少的灵活性。STK 中的解析型积分器包括开普勒二体运动、J2 和 J4 摄动、SGP4(地球附近轨道周期小于 225min 的情况)以及 GPS 星历等。

半解析型积分器综合了解析型和数值型的优点,对大部分力学模型进行解析处理,对难以解析的力学模型进行数值积分。一个典型的例子是,对周期远大于 225min 的轨道使用 SGP4 积分器(或者更精确的 SDP4)。STK 也提供长期轨道积分器(LOP)和 Lifetime,这两者都综合了解析型预报和数值型预报。

9.5 积分器精度

对于给定的积分器,力学模型精度决定了卫星位置的预测精度。比较二体、J_2 摄动、J_4 摄动、SGP4(在两天内与真实轨道符合)及 HPOP 积分器的计算结果,给定假设条件为:

(1)轨道类型:LEO1(圆轨道,轨道高度 420km,轨道倾角 51.6°)、LEO2(圆轨道,轨道高度 840km,轨道倾角 98.6°)、MEO(圆轨道,轨道高度 20200km,轨道倾角 55°)、GEO(地球静止轨道)。

(2)球体,直径 1m,质量 10kg,阻力系数 2.2。

(3)模型中仅考虑引力势和阻力(采用 Jacchia 1970 模型)。

(4)真实模型:HPOP,采用 EGM96 70×70 引力场模型,考虑太阳/月球引力摄动和 Jacchia 1970 模型阻力。

表 9.1 给出了力学模型精度,可用于确定卫星位置的预测精度。表中的结果很有趣,有些情况与人们的直觉不一致。对于 LEO1 情形,误差一直在增大,7天后(位置在地球另一侧)达到最大值。正如预期的那样,二体模型相较 J_2 摄动和 J_4 摄动模型预报较差。

表 9.1 LEO、MEO、GEO 精度对比

Days	LEO1				LEO2				MEO				GEO			
	2-Body	J2	J4	SGP4	2-Body	J2	J4	SGP4	2-Body	J2	J4	SGP4	2-Body	J2	J4	SGP4
0	0	0	0	0	0	0	0	0	0	0	0	0	0	0	0	1
1	1309	1078	1079	1	434	1187	1187	0	35	32	32	0	12	8	8	1
2	2986	2559	2561	3	870	2371	2371	0	70	63	63	0	24	15	15	1
3	5010	4437	4440	16	1357	3550	3550	1	104	95	95	0	36	23	24	2

（续）

Days	LEO1				LEO2				MEO				GEO			
	2-Body	J2	J4	SGP4	2-Body	J2	J4	SGP4	2-Body	J2	J4	SGP4	2-Body	J2	J4	SGP4
4	7260	6618	6622	42	1777	4706	4705	0	138	126	126	1	47	32	32	5
5	9569	8977	8981	84	2199	5823	5822	1	172	157	157	1	59	40	40	8
6	11599	11215	11219	163	2709	6893	6893	2	206	188	188	1	71	47	47	12
7	12930	12936	12938	267	3091	7918	7916	3	240	220	220	2	85	54	54	16

但是,对于 LEO2 情形,二体模型的结果反而更好,部分原因是由于 J_2 项对轨道升降交线(升交点和降交点的连线)的长期影响。总的来说,对于较高轨道,由于所受阻力较小,上述三个积分器的结果都相对较好。

对于 MEO 情形,误差要小得多,J_2 和 J_4 的结果仅比二体的结果稍好一点点。这是因为大气阻力、J_2 摄动、J_4 摄动的影响随高度增加显著降低。

最后,对于 GEO 情形,误差最小,且相对差异符合预期。但是,如果升交点经度与地球引力场的不稳定平衡点接近,可能会得到差别很大的结果。

总的来说,或许这个基本分析中最不直观的结果就是除 LEO1 外,SGP4 的结果与 HPOP 的结果差别不大。LEO1 误差主要是由于 SGP4 中的阻力模型。但这些对比是在力学模型之间,而不是力学模型和实际情况之间的对比。HPOP 选择不同的阻力模型,所得到的结果也不一样。

在实际使用时,对于其他情形,SGP4 轨道的精度更多地受限于生成轨道所用的观测数据(密度和精度),而不是模型自身。上述分析中,观测数据直接从真实模型得到,拟合得非常好。从中可以得出结论,力学模型再好,也会受到所用观测数据的制约。

对于许多力学模型之间差异的更深入的分析,可以参考 David Vallado 的论文:*An Analysis of State Vector Prediction Accuracy*(http://www.centerforspace.com/downloads/fles/pubs/USR-07-S6.1.pdf)。

9.6 数据可用性对积分器选择的影响

积分器的选择也取决于积分器所需数据的可用性。如果用户不能得到任何高精度的初始数据,选择 HPOP 对卫星运行进行建模确实没有多少好处。事实上,STK 允许用户通过简单选择所使用的数据类型来自动选择合适的积分器。这样不仅简化了如何选择合适的积分器,而且保证了特定的数据类型使用正确的积分器。每个积分器都是对真实情况进行某些假设后的模型,降低了计算复杂度。数据通常会对模型的假设带来影响,所以确保所使用的数据是在同样的假设条件下得到的,是非常重要的。

9.7 设置卫星其他属性

创建好卫星对象后,可设置很多属性以支持详细分析。这些属性中的大部分与其他飞行器对象属性相同,而剩余的其他属性对卫星对象来说是特有的,下面重点讨论。

9.7.1 姿态

尽管卫星的一般姿态属性与其他飞行器相同,但卫星有许多更加标准的类型。如果用户要分析传感器指向或太阳帆板跟踪,甚至试图计算特定表面闪烁关闭的时间区间(例如铱星闪光),那么确保用户理解特定的卫星姿态调整是非常重要的。好消息是每个可用的类型都在 STK 帮助文件里进行了详尽描述。

9.7.2 椭球体

无论是试图确定卫星的可见弧段,还是试图确定遮挡所造成的电池耗尽的时刻,卫星受太阳照射的时间通常是一项重要的考虑因素。虽然遮挡主要是由中心体造成的(例如地球轨道卫星受地球遮挡),但其他物体也会遮挡卫星。该属性(Eclipse Bodies)方便用户在分析时选择遮挡物。

9.7.3 路径端点

路径端点属性允许用户定义每圈的起点。例如,US SSN 的标准定义是每圈开始于卫星从南向北穿越地球赤道的时刻。从发射到第一次升交点的轨道记为 Rev 0,Rev1 开始于卫星穿过赤道的时刻。

尽管默认的边界是在赤道上,但 STK 提供了灵活性,可以选择在任何经纬度处,甚至可以选择降交点。STK 也允许用户为赤道坐标系(惯性坐标系、地固坐标系、True of Date、True of Orbit Epoch)指定参考轴。路径编号选项同样具有灵活性,比如在特定的时间设置一个特定的路径编号或是使用数据中的路径编号(如 TLE 数据)。

9.7.4 路径

Pass Break 的定义也用于路径(Pass)属性,以决定轨道的哪一部分显示在二维或三维窗口上。该动作主要是通过设置 Ground Track 和 Orbit Track 中的 Lead and Trail 部分来完成的。默认情况下,STK 显示卫星前一圈或后一圈的轨

81

迹。头部向路径的终点运行,尾部从路径的起点开始(覆盖一个完整轨道)。其他选项包括 All(对象定义时间区间内的全部路径)、Full(实际上是半圈)、Half(1/4 圈)、Quarter(1/8 圈)、Percent(小于 100%)、Time(设为具体值,可比半圈长,也可比半圈短)。Current Interval 与 All 相同,除非使用 Access 或 Custom Interval(在二维图形属性中设置),但只显示当前的时间间隔。通过将 Trailing Type 设置为 None,且仅改变 Lead Type,很容易看到每次改变的效果。

如果超出了所定义的时间范围(通常与场景时间相同),将无轨道显示。但是,用外部星历定义的卫星,其时间范围可更长或更短。最后,通过设置三维图形窗口"Pass"属性的选项"Tick Marks",可同时开启"Ground Track"和"Orbit Track"。这些标记的大小通过距离设置,而时间间隔通过时间设置。

9.7.5　轨道系统

轨道系统属性使得在不同参考系下可视化轨道很简单。默认情况下,STK 将其设置为惯性窗口,在惯性空间显示轨道。但是,固定窗口对 GEO 卫星轨道的可视化非常有用。GEO 轨道的惯性可视化对所有 GEO 卫星都是一样的,即轨道绕着地球赤道运行(图 9.10)。但在固定场景下,用户能够看到,相对于绕地球旋转的坐标系,轨道看起来如何? 这样 GEO 卫星轨道就是一个点(当然,实际上通常是一个非常小的椭圆)。

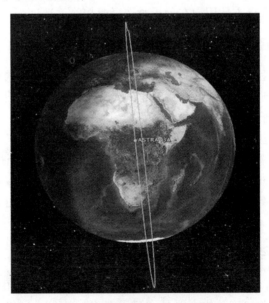

图 9.10　地球固定时的 GEO 轨道

其他有用的可视化可通过选择"Add VVLH System"来呈现一颗卫星相对于另一颗卫星的轨道。该选项可用于显示相似轨道上编队飞行的两个卫星的相对运动,也可用于比较同一颗卫星在两种不同类型的轨道数据下的差别。"Add VGT System"选项允许用户利用 STK 非常强大的 Vector Geometry Tool 创建几乎任何坐标系。

图 9.11 中的卫星基于积分器选择,增加了复杂性。如果要继续细化积分器类型,用户也可以考虑 Astrogator 积分器。Astrogator 是 STK 的一个单独模块,需要专门授权。第 10 章将详细讨论 Astrogator。

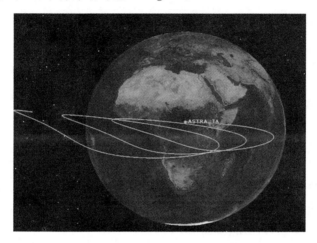

图 9.11 相对于星历的 TLE 轨道

第10章 高级卫星

本章要点:

- Astrogator 发展历程
- Astrogator 选项按钮
- 任务控制序列和属性

10.1 Astrogator

Astrogator 是一种附加的高级积分器。从本体论视角,Astrogator 可以细化卫星对象的底层属性。该模块为对象提供了真实任务设计能力,用户可以通过卫星机动来模拟交会规划和天基拦截。轨迹设计对平动点和轨道保持进行处理。该模块基本的轨道积分器为 HPOP 数值积分,在卫星对象类中,通过 Satellite/Orbit/Propagation 可以调用,如图 10.1 所示。

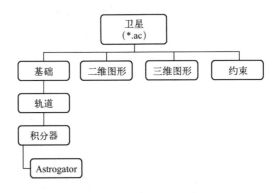

图 10.1　卫星属性层次

Astrogator 可追溯到 1989 年计算科学公司 (Computer Sciences Corporation) 设计的 Swingby 软件,作为戈达德任务分析系统 (GMAS) 主框架软件的 PC 替代品。该软件是为了 NASA Goddard ISEE – 3/ICE 的轨迹设计和任务操作而开发的。在空间任务中多次成功运用以后,Swingby 被商业化和品牌化,作为 Navigator 软件售卖。1996 年,分析图形有限公司(AGI)购买了 Swingby 和 Navigator 的所有版权,并将其集成到 STK 中,命名为 Astrogator。"Astrogator"这个词引自科幻小说家 Robert A. Heinlein 1953 年写的小说 *Starman Jones*。

　　Astrogator 用于空间任务规划和轨道建模开发,从 Basic/Orbit 页面中打开卫星积分器可以访问。借助 Astrogator,用户可利用可视编程语言(VPL)模拟卫星轨迹设计、机动、轨道转移和发射窗口分析。VPL 允许用户通过图形界面生成指令来控制系统。由于 VPL 代码在任务控制序列(MCS)中运行,所以还会生成轨道星历。AGI 公司的航天工程师和系统工程师 Jonathan Lowe 经常将 Astrogator 描述为"卫星一段生命的建模",这是对该软件模块嵌套编程结构和功能的非常适当的描述。

　　Astrogator 积分器应用 VPL,为用户提供在鲁棒环境中控制任务控制阶段和序列的能力,从初始状态开始,图形化引入航天器。如图 10.2 所示,MCS 工具栏、MCS 窗口和动态 MCS 属性在轨道机动设计与优化方面提供了任务控制分析能力。

图 10.2　Astrogator

Astrogator 界面如图 10.3 所示,有多种控制阶段,具体配置如下:

- 初始状态——详述航天器的初始条件;生成星历。
- 发射——仿真发射模式;生成星历。
- 跟随——跟随主飞行器直到事件开始;生成星历。
- 机动——脉冲或有限推力;生成星历。
- 积分——运动学和动力学数值积分,直到事件开始;生成星历。
- 保持——保持位置;生成星历。
- 运行——向前或向后运行序列。
- 目标序列——定义 Differential Corrector, Design Explorer, Plugin Profiles, Scripting Tool Segment 和 Segment Configuration。
- 更新——更新航天器属性;生成星历。
- 返回——返回至程序中的另一个位置。
- 停止——停止所有指令和分析;程序结束。

这些分段指令逐一定义卫星的"生命事件"(life events)。

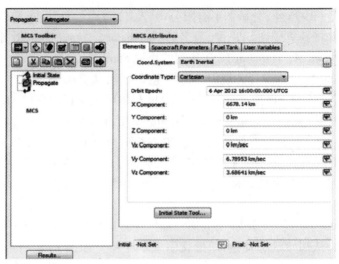

图 10.3 Astrogator 界面

这些阶段要么生成星历,要么将航天器当前阶段的最终事件结果发送给下一阶段作为新定义的初始状态,以触发另一个事件。终止条件事件触发阶段的行为。例如,除非指定的远地点或持续时间两个条件中有一个满足,用户就必须对卫星轨道进行预报。只要该卫星满足了一个条件,不论是远地点还是持续时间,就会生成该阶段的最终状态,并将该状态传给下一个事件,作为下一阶段的卫星初始状态。换句话说,初始化 Run 指令就是编译 Astrogator 阶段,使得任务控制序列可以系统地执行由约束、属性和条件定义的阶段功能。

10.2　MCS 工具栏

MCS 工具栏按钮允许用户构建和运行任务控制序列。帮助文档定义了页面内的所有条目;用户参考手册可以帮助用户理解工具栏内容,并给出了默认值。

10.2.1　"运行"按钮

在 MCS 中,"运行"(Run)按钮编译用户的任务控制序列。用户可以选择编译一个阶段,或者所有阶段。

10.2.2　"总结"按钮

"总结"(Summary)按钮所包含的信息量很大,包括每段特定的运行总结数据,给出了卫星的初始和结束状态,以及通过属性得到的阶段特有的任务参数。

10.2.3　"清除图形"按钮

默认情况下,随着任务控制序列的运行,对十每次迭代,叮能的结果图形也会生成。"清除图形"(Clear Graphics)按钮可以在二维、三维图形窗口中清除之前运行生成的图形。

10.2.4　"MCS"按钮

该按钮提供 MCS 界面的可视化编辑,并可为进一步的插件分析进行用户变量的定义和计算。General 页面允许用户定义在二维和三维图形窗口是否显示和如何显示图形,并计算图形更新。此外,门限值的时间误差和星历的最小步长也在这里设置。"Targeting"页面允许用户定义微分校正器的活动状态、建立日志、设置默认值,但不允许嵌套的目标序列。该页面还支持标称值的复位。"User Variables"页面用于声明轨道传播和有限机动阶段所用的变量。这些变量还必须在"运动方程"(EOM)插件中进行声明。AGI 将 EOM 插件定义为有效脉冲,ΔV 的 x、y、z 分量等四个用户变量的导数。用户变量的命名必须与插件中已有的名称严格匹配。

10.2.5　阶段属性

如图 10.4 所示,"阶段属性"(Segment Properties)允许用户使用 VPL 创建任务控制序列(MCS)。"Segment Properties"选项对图形化的命令阶段是开放的。用户选择阶段并将其拖入 MCS,就可以使用正确的组件来满足任务需求。在每个图形表示的阶段之后都有一段代码,用于修改卫星的传播算法。

图 10.4　阶段选择

10.3 MCS 定义

在 MCS 窗体中显示任务控制序列,其位置、颜色或规则易于修改,并且支持拖放、剪切、粘贴、修改以及右键菜单功能。MCS 窗体中的任务控制序列如图 10.5 所示。

语法上,每个任务控制序列都有属性改变。图 10.6 中的层次图给出了 MCS 中各阶段的选项。

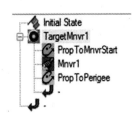

图 10.5 任务控制序列

10.3.1 初始状态

初始状态定义了航天器的初始条件及其坐标系,支持自定义脚本以开展进一步分析。默认的坐标系是地球惯性系,许多其他的坐标系可在地球及其他中心体的向量几何工具中找到。此外,用户还可以自定义坐标系。

坐标系类型(图 10.7)及其坐标(图 10.8)用于建立天平动点轴和其他位置点,这是 Astrogator 的基本优势之一。要做到这一点,必须选择坐标系,更要配置坐标形式。许多成功的任务采用坐标系类型和坐标形式来建立平动点,包括 SOHO、ACE 和月球轨道任务。

关于如何使用 Astrogator 的教程有很多,详细介绍了如何在场景中开发天平动点。美国国防应用解决方案首席科学家 John Carrico 领导开发了 Astrogator 模块,其团队推出了关于 Astrogator 的教程。

1. 初始状态工具参数

初始状态工具参数允许用户为新向量源(New Vector Source)选择星历。默认的文件类型为 STK 文件,但用户也可以选择如下文件类型:Propagated Ephemeris、IIRV T9、IIRV TI、IIRV、EPV 和 NASA IIRV。选好文件类型之后,用户需要选择文件源,其类型包括卫星(* . sa)、卫星星历(* . sae)、星历(* . e)、导弹(* . mi)和运载器(* . lv)。默认情况下向量选择(Vector Selection)由插值得到,但用户也可以选择计算最近点、最近的前一点、最近的后一点、第一点或最后一点。

2. 航天器参数和燃料储箱

航天器(图 10.9)和燃料储箱(图 10.10)初始状态参数共同定义了航天器的物理值,而且所有值都允许修改,以使初始状态更加精确。

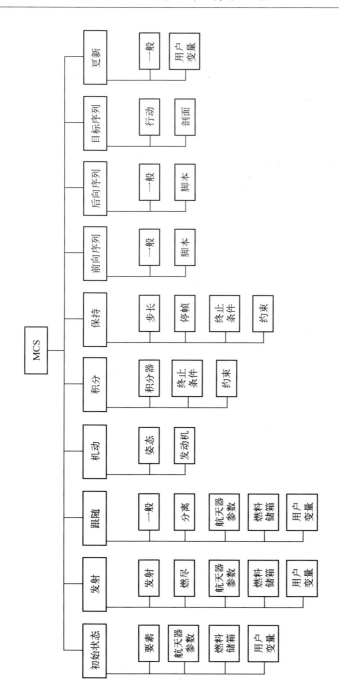

图10.6　MCS层次

图 10.7　Astrogator 坐标系类型　　　　图 10.8　Astrogator 坐标形式

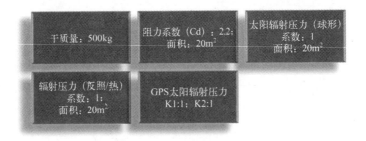

图 10.9　航天器默认参数

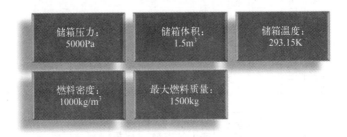

图 10.10　燃料储箱默认参数

10.3.2　发射段

发射段根据简化的飞行路径方法模拟了一个简单曲线,这和简化导弹对象的模拟方法是一样的。发射(Launch)和燃尽(Burnout)是发射段的特有参数,而航天器参数、燃料储箱以及用户变量的信息格式类似于初始状态参数,但不同阶段的取值有所不同。所有默认值都可以根据需要进行修改,参见图 10.11、图 10.12。

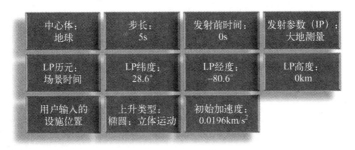

图 10.11 发射默认参数

图 10.12 燃尽默认参数

10.3.3 跟随段

跟随段用于对附属于另一个移动 STK 对象的航天器发射。在使用时,用户需要定义另一个移动对象作为航天器要跟随的主对象。分离参数控制航天器跟随所选择的移动目标运动,直到满足用户选定的停止条件才停止(图 10.13)。

图 10.13 跟随段参数

10.3.4 机动段

机动段根据姿态和发动机类型来模拟机动能力。在"发动机"（Engine）页面，用户可以定义有限推力机动或脉冲推力机动能力，这两类机动的计算完全不同。如果用户需要设置一个机动，要确保已经阅读了帮助文档并对所模拟的设备有基本的理解，以便匹配发动机类型。否则，就不能保证模型的精确度。

10.3.5 保持段

保持段通过在一个"停帧"（Hold frame）中保持飞行器的运动模式来暂停飞行器。用户可以通过步长大小、坐标系、保持姿态、最小/最大传播时间和停止条件（图10.14）对帧进行详细定义。

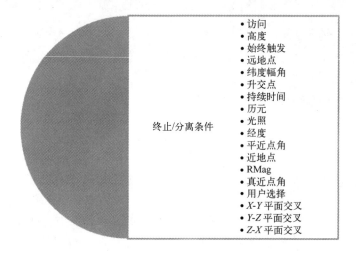

图 10.14 终止/分离条件

10.3.6 积分段

积分器（图10.15、图10.16）在满足所定义的停止条件之前，给出空间飞行器的运动状态。这些停止条件与之前列出的停止要素一样。但是，用户可以从积分器列表中选择任何一个需要的积分器。

10.3.7 序列段—前向/后向

序列段采用 Visual Basic 或 Jscript 脚本语言对段进行组织，并将结果从一个

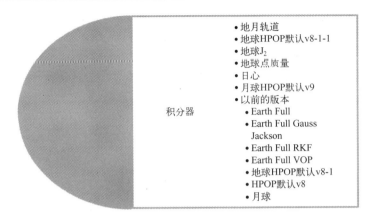

图 10.15　积分器列表

图 10.16　积分段默认参数

阶段传给下一个阶段。这些在脚本中明确的阶段需要在 MCS 中进行定义。直到下一个序列的条件满足,才会驱动该序列运行。前进序列和后退序列都可能会在任务阶段中嵌套调用。这些阶段会驱动非常复杂的机动,比如状态保持。

STK9.2 版本的开放/在线实例中,有一个名为"STK9_Astrogator"的示例场景。用户可以在场景中研究 Astrogator 如何优化二脉冲轨道转移。该场景是基本前进序列的一个很好的例子,其声明变量标注于序列脚本页面(图 10.17),同时可以通过该场景学习如何使用 Visual Basic 编写脚本。

10.3.8　目标段

目标段控制阶段的嵌套功能,用于定制特定问题的解决方案。例如,如果用户要创建状态保持模型,状态盒子的每个边界条件都会用到目标序列,作为前进序列中的单独目标,可能标注为南北状态保持(North – South Station Keeping)和东西状态保持(East – West Station Keeping)。目标阶段引入了嵌套指令,可根据阶段脚本和插件修正位置。在 STK 9. n 版本中,有一个状态保持的示例场景,随软件同步安装。

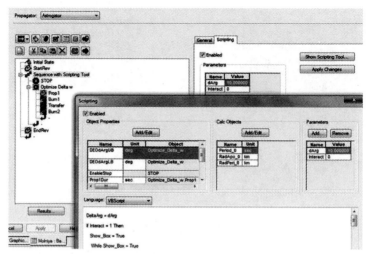

图 10.17 Astrogator 序列脚本

10.4 其他 Astrogator 模块

图 10.18 ~ 图 10.24 给出了其他 Astrogator 功能的示例。

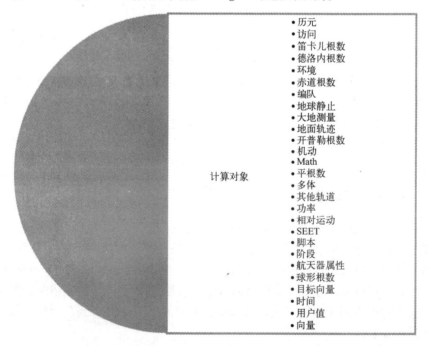

计算对象

- 历元
- 访问
- 笛卡儿根数
- 德洛内根数
- 环境
- 赤道根数
- 编队
- 地球静止
- 大地测量
- 地面轨迹
- 开普勒根数
- 机动
- Math
- 平根数
- 多体
- 其他轨道
- 功率
- 相对运动
- SEET
- 脚本
- 阶段
- 航天器属性
- 球形根数
- 目标向量
- 时间
- 用户值
- 向量

图 10.18 计算对象

图 10.19　中心体

图 10.20　自定义函数

图 10.21　发动机模型

图 10.22　积分器函数

图 10.23　推力器集合

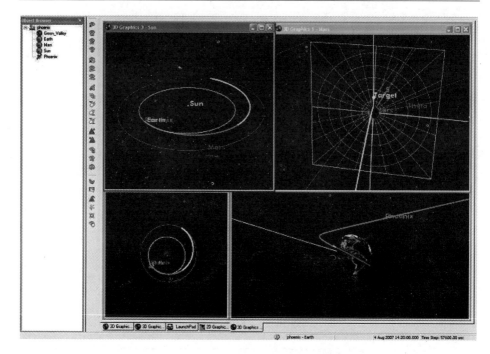

图 10.24 基于 VPL 的高级轨迹设计

第11章 子 对 象

本章要点:

- 定义子对象
- 关联子对象
- 基于 STK 子对象的通信基础
- 通信对象的可用模块

11.1 引言

子对象从属于 STK 对象,其大部分属性具有分层或继承特点(图 11.1)。子对象须依附于对象或其他子对象。天线、雷达、接收器、发射器、传感器等都属于子对象(图 11.2),主要用于信号通信评估。其中,传感器用于成像评估的覆盖区域建模或作为其他子对象的万向节点。

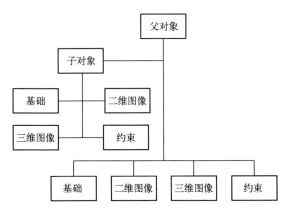

图 11.1　父对象与子对象的分层关系

一般地,子对象从父对象继承许多属性,其中最重要的是父对象的位置信息。如果父对象是固定点,如目标或地面站,则子对象具有与父对象相同的经纬高。位置信息的继承在机动对象中依然适用,子对象具有与父对象相同的速度、位置或轨道根数。

图 11.2　子对象类型

11.2　STK 子对象方法

与其他对象基本一致,子对象定义涵盖四类方法(图 11.3)。第一类方法为特定类型的文件:传感器子对象为 *.sn 文件、天线子对象为 *.antenna 文件、接收器子对象为 *.r 文件、发射器为 *.tx 文件。另外,子对象使用的信息也可来自于 AGI 数据中心或其属性界面的默认设置。

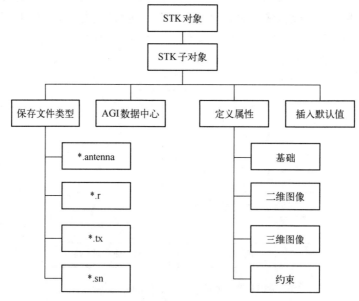

图 11.3　子对象文件类型和属性

子对象无真实的三维模型,因此 STK 环境无法展现子对象,只能用表征模型代替,该模型由两因素确定:中心采用对象质心或其上某点表征,而方向采用从信号模式到传感器指向的投影。另外,子对象位置可通过修改附着点及其偏移量实现。

11.2.1 为父对象附加子对象

子对象的附加点依托于父对象类型,其默认位置一般为父对象底部,且子对象的顶点方向默认与其视轴成 90°。对于 STK 机动对象,如飞机、导弹、火箭以及卫星等,子对象一般附加在父对象顶点,且指向中心体。当然,为满足可视化与计算需要,附加点的位置和指向都可修改(图 11.4 ~ 图 11.7)。

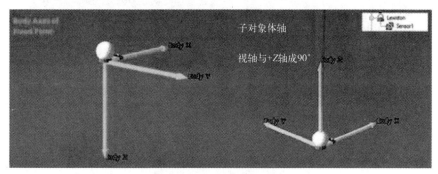

图 11.4　默认固定体附加

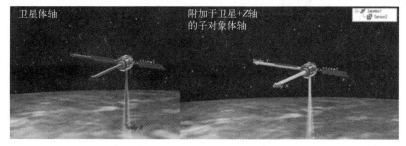

图 11.5　默认机动对象附加

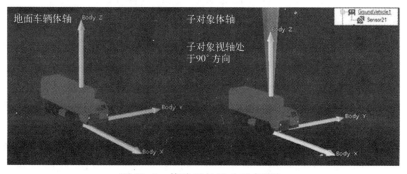

图 11.6　修改后的机动对象附加

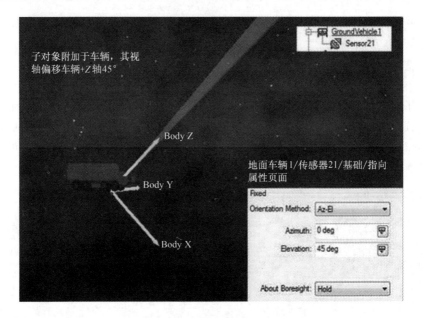

图 11.7　子对象附加于车辆

11.2.2　传感器模型

传感器附加点位置与其他 STK 子对象一致。然而,在功能方面,传感器与其他通信子对象(天线、发射器、接收器以及雷达)存在差异。传感器主要提供两类功能:传感器属性和机械装置。传感器属性可模拟摄像机镜头或其他装置,用于评估卫星或其他 STK 对象的星下点轨迹;机械装置用来模拟其他子对象的万向节点。当然,这种万向节点又引出另一种层次关系,即子对象的子对象。

用户可在传感器基本属性页面定义相关属性(图 11.8)。传感器具有多种类型,见于"传感器名称/基本参数/定义"(Sensor Name/Basic/Definition)页面。默认的传感器类型为视场角为 45°的简单圆锥,用户可通过修改已有传感器类型或导入 *.sn 文件来定制传感器。传感器位置可在"位置"(Location)页面设定。在"位置"页,用户可设定偏移顶点、固定偏移或直接根据用户期望传感器在父对象体坐标系的配置而定义。在"指向"(Pointing)页面,用户可将传感器类型设定为机械装置,使得其具备快速定向功能,如跟踪、旋转、掠过或者使用向量来指向期望参考坐标轴。需要注意的是,"指向"功能是需要授权的。在"解算精度"(Resolution)页面,用户可定义镜头焦距和俯仰角,可基此计算星下点轨迹。"方位角 – 高度"（Azimuth – Elevation Masks）页面经常用于定义相对于父对象的位置与方位,可基此进行传感器视场仿真。"合成孔径雷达"（SAR）用于仿真卫星或飞行器的合成孔径雷达视场。总体来说,传感器是一类功能强大的子对象,从最简单到最复杂的一序列建模和仿真都可应用。

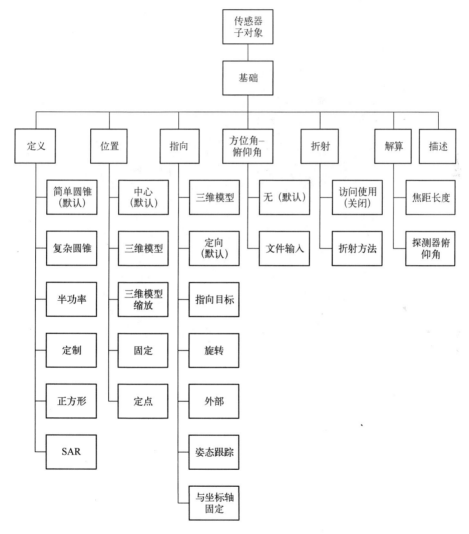

图 11.8　传感器属性

11.2.3　子对象的继承关系

子对象的子对象是一种更深层次的继承关系,传感器在该关系链中作为中

101

间媒介,模拟万向节点的快速定向功能。子对象附加到传感器的方式与附加到父对象一致。

11.2.4 利用 STK 子对象模拟通信设备

利用 STK 子对象模拟信号通信设备可用于仿真简单的或复杂的信号评估,取决于用户对于设备的了解程度以及分析的准确性要求。STK 子对象可模拟信号传播、衰减、降级、链路预算、干扰以及信号强度(图 11.9)。STK 子对象用于模拟设备,而 STK 工具用于处理信号评估。

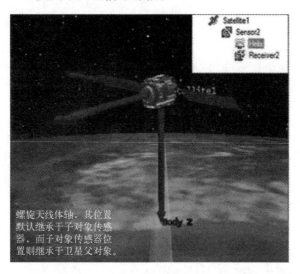

图 11.9 卫星螺旋天线的坐标轴向量(用传感器模拟万向节点,即卫星的子对象)

用于模拟信号的 STK 子对象主要为天线、发射器、接收器和雷达。信号模拟采用本体论方法:首先建立 STK 对象,然后为其附加子对象,进而设置子对象参数以满足用户需求。基于本体论思想,建立对象与基于事件检测的实际信号处理之间的关系。本体论学习的输出形式为报告及图表,内容包括链路预算、信号评价、信号传播的可视化与模式,以及视线计算等。

STK 子对象可模拟通信设备,但不能模拟事件检测中的信号处理,这是 STK 中本体关系的两个独立部分。所有 STK 子对象利用可修改组件来定制信号处理功能,已有的信号组件模型包括天线、大气吸收、过滤器、激光大气、雨衰、发射器以及接收器等。

在发射器和接收器模型属性中,STK 通信对象(即天线组件)通过链接或嵌入方式引入。发射器或接收器类型决定了天线可否从标准的默认全向天线的简单或中等模型中进一步设定。如果模型复杂,用户需使用多波束资源,进而从一序列天线组件模型中定制天线类型。

11.3 STK 发射器子对象

与其他 STK 对象一样,发射器子对象属性也在"基本/定义"(Basic/Definition)页面进行设置(图 11.10)。类似于 Astrogator 和通信模块,软件提供了几种类型的发射器模型可供选择。发射器类型提供较多功能来定义属性和天线:

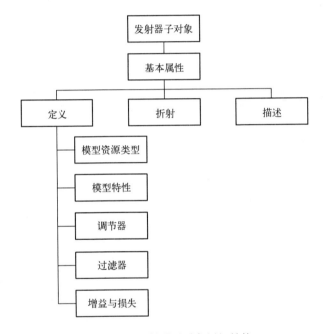

图 11.10 发射器子对象层级结构

- 简单资源
- 中等资源
- 复杂资源
- 多波束

转发器类型提供:

- 简单转发资源
- 中等转发资源
- 复杂转发资源

特殊发射器类型支持特定用途,如脚本、MATLAB 等:

103

- 激光源
- 无线电脚本插件
- 激光脚本插件
- GPS 卫星发射器

11.3.1 发射器属性

用户即使未掌握发射器具体细节,也可设置简单发射器属性。图 11.11 给

图 11.11 发射器模型资源类型

出了发射器模型资源类型:简单和中等模型资源发射器可修改基本属性,如简单资源类型可采用有效全向辐射功率(EIRP)来反映全向天线能量的均匀分布,没有方向差异性及死角,用户掌握的天线知识与能力越具体,精确建模越灵活;中等资源发射器仍然使用一般的全向天线,允许用户设置天线上无线电的能量输出以及可按需设定天线等方向的增益分布;复杂和多波束模型资源允许用户从"模块库"(Component Library)的50多种天线中选取,每一种天线模块具有能量、方向以及特别属性等3类参数可设置。对于新附加的发射器,与其他STK对象类似,其也自带一些默认参数,如图11.12所示。然而,这些默认参数较初级,为满足较高质量的通信分析,用户需深入定义相关参数。

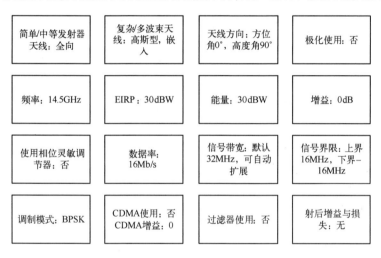

图 11.12　发射器默认参数

11.3.2　转发器属性

9.1版本的STK通信仍然使用接收能量作为主要定义点进行分析,直到后续版本中,发射器能量才辅助使用。转发器具备发射器和接收器两种对象属性,且每种对象类型定义与前述一致。图11.13给出了各种转发器模型间的差异。除了简单、中等以及复杂模型,转发器类型还有激光、插件或者GPS模型可定制,如图11.14所示。在编程本质上,转发器等同于一个基本的发射器和接收器的组合体。然而,由于转发器综合了两方面能力,即其接收信号后又对该信号进行修改发射,其使用更加复杂(图11.15)。转发器基于无线电或数字通信模式工作,因此结合无线电的数字应答机可用于多次反射仿真的建模。

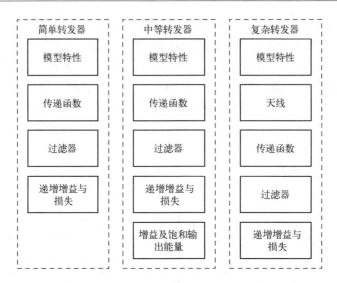

图 11.13 基本转发器类型

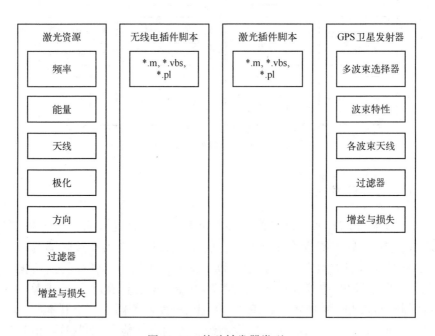

图 11.14 特殊转发器类型

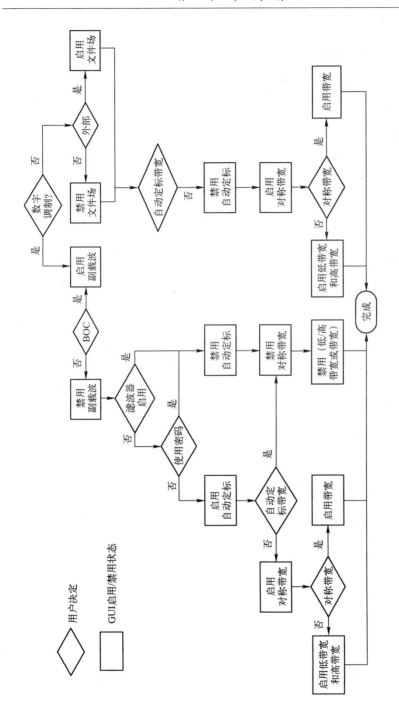

图11.15 发射器调制流程图

107

11.4 STK 接收器子对象

接收器类型增加了定义属性和天线的功能(图11.16)。
- 简单接收器资源
- 电缆接收器
- 中等接收器资源
- 复杂接收器资源
- 多波束

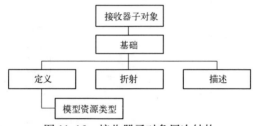

图11.16 接收器子对象层次结构

类似于发射器,在"基础/定义"页面为用户提供了各种复杂度的接收器类型(图11.17)。其中,简单和中等接收器类型默认采用全向天线,而复杂和多波束接收器类型可从天线组件列表选取。接收器子对象的默认参数为全向天线设置(图11.18);另外,除非进一步约束接收器类型,否则极化值、增益以

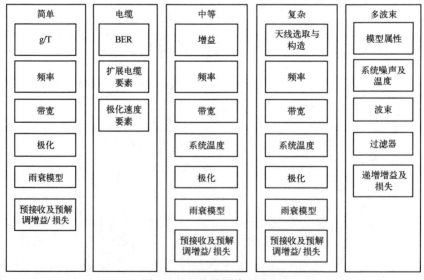

图11.17 接收器资源类型

及其他参数仅给出一个初值,并不适合作高精度分析。

简单/中等接收器天线:全向	自动跟踪:是	复杂/多波束天线组件:高斯型、嵌入	大线方向:方位角0°,高度角90°
极化:否	频率:14.5GHz	g/T:20dBW	能量:30dBW
增益:0dB	接收器带宽:0.002MHz	自动扩展:是	过滤器模型:否

图 11.18   接收器模型属性

11.5   STK 天线子对象

使用发射器或接收器有时需选取或确定天线类型,首先需确定天线与发射器或接收器的连接方式,即连接式或嵌入式;然后,再根据实际装置确定天线组件参数,包括频率、波束宽度、直径、主瓣增益、效率以及后瓣增益;另外,天线方向也需定义。用户选取的天线类型不同,模块页面会相应改变(图 11.19)。

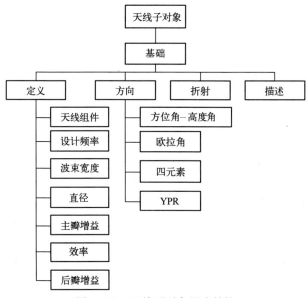

图 11.19   天线子对象层次结构

11.6   STK 通信组件

图 11.20 ~ 图 11.28 给出了 STK 通信的典型组件。

```
(1-24)
天线脚本
贝塞尔圆形孔径
贝塞尔信封圆形孔径
平方余割
余弦圆形孔径
余弦矩形孔径
余弦底座圆形孔径
余弦底座矩形孔径
余弦平方圆形孔径
余弦平方方形孔径
余弦平方底座圆形孔径
余弦平方底座矩形孔径
偶极子
外部天线模式
GIMROC天线模式
GPS FRAP
GPS全球
高斯
高斯光学
螺旋
半球
ITU-R BO1213共极
ITU-R BO1213交叉极化
ITU-R
```

图 11.20　组件:天线模型(1)

```
(25-n)
ITU-R S1528 1.2圆形
ITU-R S1528 1.2矩形
ITU-R S1528 1.3
ITU-R S465-5
ITU-R S580-5
ITU-R S672-4圆形
ITU-R S672-4矩形
ITU-R S731
嵌入卫星天线模式
等方性
抛物面
笔形
矩形
简单光学
余弦整数功率圆形孔径
余弦整数功率矩形孔径
余弦真实功率圆形孔径
余弦真实功率矩形孔径
平方号角
均匀圆形孔径
均匀矩形孔径
```

图 11.21　组件:天线模型(2)

```
简单资源
中等资源
复杂资源
多波束
激光资源
插件资源
无线电插件脚本
激光插件脚本
GPS卫星发射器
简单转发器资源
中等转发器资源
复杂转发器资源
```

图 11.22　组件:发射器模型

```
ITU-R P676-5
插件脚本
简单卫星通信
双光束
前期版本:
ITU-R P676-3
```

图 11.23　组件:大气吸收模型

贝塞尔

带通

切比雪夫

余弦窗口

椭圆

外部的

FIR

FIR 栅车

高斯窗口

海明窗口

IR

RC低通

矩形

正弦

正弦信封

图 11.24　组件:过滤器模型

比尔-布格-兰伯特定律

图 11.25　组件:激光大气模型

Crane 1985

ITU-R P618-9

插件脚本

前期模型:

（1）CCIR 1983

（2）Crane 1982

（3）ITU-R 618-5

（4）ITU-R 618-8

图 11.26　组件:雨衰模型

简单接收器资源

电缆接收器

中等接收器资源

复杂接收器资源

多波束

激光

激光插件脚本

无线电插件脚本

图 11.27　组件:接收器模型

第12章 星 座

本章要点:

- 定义星座对象
- 星座约束

12.1 星座对象

　　星座为一个由相似 STK 对象组成的群(图12.1),为多个相同类型对象存储了信息,用来代替单个对象完成其所不能完成的工作。相比于单一对象,使用 STK 星座的最主要目的是其可提供成对比较分析能力:当使用事件检测工具进行事件检测及分析对象间关系时,需要考虑对象类型属性以及具体星座约束。星座允许成员对象完全使用其他成员的属性和约束。此外,STK 星座还引入了独特的对象属性和约束。例如,用户可使用 STK 星座对象分析铱星系统,看是否可获取地面卫星电话接收机网络信号,这些信号可进一步用于协调特定事件。

图 12.1　星座是 STK 对象群,为把星座作为单一对象分析,需类似于计算机程序中数组指派已有对象到星座

12.2 创建星座

　　星座通过将对象浏览器列表已有对象指派给特定星座对象创建(图12.2):星座读取所有对象并允许用户指派对象。当用户创建 STK 星座时,可进一步为该星座设定约束(图12.3)。如图12.4所示,当用户使用未加约束的星座分析访问链路时,星座将会逐一分析其成员是否可成功访问。星座允许用户更加系统地、有逻辑地进行复杂分析;当引入星座约束后,分析将会更加复杂。

112

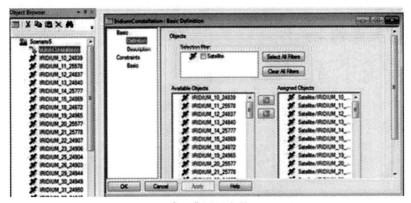

图 12.2 建立典型星座的 STK GUI

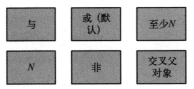

图 12.3 星座约束条件,使用星座时这些约束将帮助用户限制分析参数

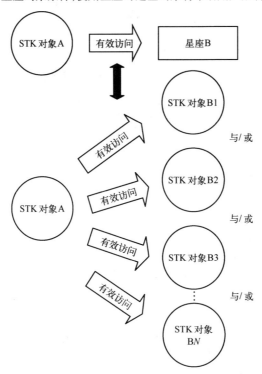

图 12.4 单一星座链路访问等同于 1:N 的访问

12.3　星座约束条件

使用约束条件可进一步细化星座对象定义。通过适当 STK 工具的本体论使用,成对比较分析可在对象与星座间、星座与星座间建立。

12.3.1　"与"约束

"与"约束要求星座的所有对象都可访问。图 12.5 中,STK 对象 A 与星座 B 间形成链路访问。如用户想使用星座 B 中的 4 个对象,则"与"约束将会使该 4 个对象可被 A 访问。

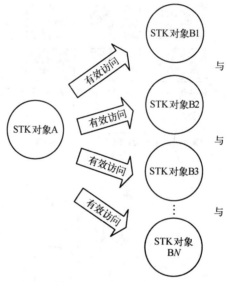

图 12.5　"与"约束定义

12.3.2　"或"约束

"或"约束是星座的默认属性。只要一个或多个星座对象满足对象、工具以及星座的访问需求,则"或"约束将允许一个有效访问。如图 12.4 所示,星座 B 与对象 A 的访问链路满足"或"约束:如星座 B 的任一个对象可访问对象 A,那么事件检测就是有效的。

12.3.3　"至少 N"约束

要进行一个有效访问,星座中至少 N 个对象必须满足访问要求(图

12.6）。例如,对于有 12 个对象的星座,如需确定对象 A 位置,要求任何时间对象 A 与星座中至少 2 个对象可访问(冗余)。当然,可访问的对象数目越多,获取的位置信息越精确,但 2 个对象是底限。因此,用户可设置"至少 N"约束并取 $N=2$。

12.3.4 "N"约束

图 12.7 中,用户使用"N"约束意味着可在星座中选取 N 个对象使对象 A 在任何时间都可访问。例如,用户可使用"N"约束达成 2 个地面站跟踪 1 颗发射火箭飞行全过程的需求:更多地面站使用导致成本过高,但少于 2 个地面站又不能完成跟踪任务。

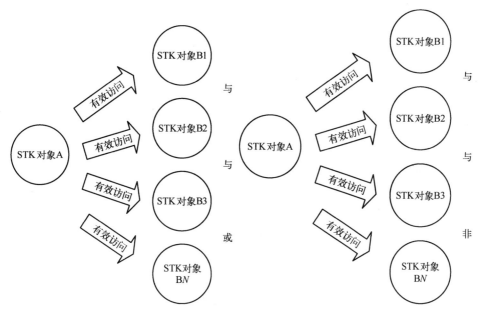

图 12.6　"至少 N"约束　　　　图 12.7　"N"约束定义:只允许指定数量的访问,如存在过多或过少访问连接,那么这个约束就是无效的且访问将会报错

12.3.5 "非"约束

"非"约束意味着无可通视,即只有满足不可访问时结果才是可取的。需要注意的是,使用"非"约束的对象不可能是第一个对象,至少是第二个或后续对象。

12.3.6 "交叉父对象"约束

"交叉父对象"约束默认开启,主要用于子对象。"交叉父对象"访问允许子对象(传感器、发射机、接收机等)访问星座中不同父对象的其他子对象。然而,当考虑信号通信时,若使用该约束则会导致链路预算错误。实践表明,为使上行链路和下行链路建模以及计算更精确,最好关闭"交叉父对象"约束,此时上行链路与下行链路的通信参考父对象统一。

第3篇

工 具 篇

第 13 章　STK 工具

本章要点：

- 工具与本体论
- 工具类型
- 时间计算
- 理解光时延迟

13.1　引言

STK 工具属于 STK 的分析对象类型，与实体对象不同的是，工具通过建立实体对象间关系以达成计算和分析功能。这些关系体现为事件检测、信号分析、位置估算等最终将由 STK 引擎处理的算法。为避免混淆，将这一类对象统一以 STK 工具表述。

本体论关系由 STK 工具定义，具有基本的默认属性。在计算输出之前，这些默认属性可通过工具属性定制或引入新的数据源以进一步细化。本章通过本体论阐述，帮助用户理解对象、工具和输出之间是如何动态联系的，如图 13.1 所示。当对象与工具之间的联系（或称为本体关系）建立后，STK 计算引擎开始分析这些联系：引擎读取算法进行计算，并创建由用户指定图表形式的输出。数据源允许用户选择输出内容和形式。

在 STK 界面，应用工具的方

地图、报告、图表和数据源

图 13.1　工具功能：建立联系和给定输出

118

式很多,包括"工具"(STK Tools)按钮菜单、"功能"(Utilities)任务菜单、"插入新的 STK 对象"(Insert New STK Object)引导页面,或在对象浏览器对对象右键单击。工具可用于计算视线、接近、通信信号质量,针对单个对象的接近分析、向量几何,以及两个对象间的事件检测关系。

13.2　工具与本体论

本体论是研究对象及对象间联系的理论学科,而工具样式的选择决定了 STK 对象间的联系,所以深入研究形成何种联系十分必要。

对本体论开始分析意味着用户已开始对对象本身进行深入研究:对象由属性和约束定义。在使用 STK 对象时,只有当用户使用工具去定义两个或多个对象间联系时才会深切感受到 STK 的强大分析能力,也只有在定义对象和工具的过程中分析算法才会建立。当分析算法建立后,STK 引擎开始对其进行计算。STK 工具是 STK 本体论的必要组成,其定义了对象间关系的基本算法(图13.2)。

STK 工具建立的本体论关系分为几何关系和拓扑关系。几何关系主要关注基于坐标系和椭圆轨道的对象间距;拓扑关系并不关心坐标系而是更多关注具有不同评价层级的相互依赖关系,如通信。STK 工具中,几何和拓扑关系分别由不同的数据源处理。

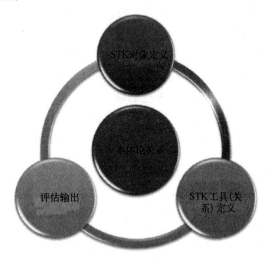

图 13.2　工具是 STK 本体论的必要组成

STK 几何关系关注椭圆体上对象的位置和运动关系。当对象运动时,其与其他对象间距离和接近关系是时变的,这会导致对象保持视线计算的能力时有时无。基于所设定的时间间隔,STK 对这些关系(包括访问、通视性等)时刻保持监视。需要时刻记住的是,STK 对象、工具、时间间隔的许多参数用户都可设定。任何对象运动都会引起基本时空关系改变,进而会动态改变通视的有效性,该有效性由 STK 对象的属性和约束、工具定义、基础场景定义所确定。

几何关系是拓扑关系建立的前提条件。例如,当 STK 对象间通视性建立后,如果场景中存在 STK 通信对象,则通信对象的二级链接(即拓扑关系)即可评估。通信对象一般为子对象,用于通信的 STK 对象包括天线、接收器、发射器以及雷达。在 STK 中,信号通信分析也可采用通信系统工具。通信系统、访问、链路以及覆盖等工具可用于建立信号评估的拓扑本体论关系。拓扑关系需依托有效的几何关系建立,而几何关系则不需依托拓扑关系。举个例子:①如果对象未建立访问关系,则信号评估不能进行;②反之,如果对象可评估信号,则对象间必已建立访问关系。因此,可这样说,如果没使用 STK 通信对象,则对象间信号链接不可能建立。

虽然拓扑关系的建立依赖于几何关系,但对于用户操作流程,拓扑联系建立与几何联系建立之间的差别并不明显,直到 STK 工具计算评估时才处理这些差别。例如,如果用户想在发射器与接收器之间建立信号链接,只需使用访问工具并激活"链路预算"按钮即可,而评估两通信对象间的链接则由软件系统自动完成。访问工具计算链路预算时,其首先进行通视性分析,然后形成算法用于分析信号链路预算。

当用户开始使用 STK 工具时,建议关注对象间通视性的基本形式,其考虑了空间目标的位置和特性。STK 工具基于定性或定量的拓扑、方向以及距离计算分析对象间的空间关系。当然,这些工具设定还可以进一步细化以深入分析对象间本体论关系。通过 STK 对象属性和约束的修改、或 STK 工具修改,可为用户提供新的输出,在 STK 环境下形成鲁棒的本体论研究。

13.3 工具类型

STK 工具分为两大类:本体论工具(绝大多数)和非本体论工具。本体论工具用于定义对象间关系,包括访问、访问组、链路、覆盖、品质因数、接近分析、时间及计算等。AGI 宣称其正开发的体积测定工具。非本体论工具主要用于修改和影响对象以辅助实现精细的本体论特征研究,也属于本体论工具。包括向量几何、地形和地球管理等工具。

13.3.1　本体论工具

本体论工具关注于不同的本体论学习并提供了由该关系所确定的特定形式输出。对于同一时间间隔来说,STK 对象可能具有许多不同的本体论关系形式。访问和访问组工具用于分析 STK 对象间通视性(图 13.3)。

- 链路工具:用于一串有效可视对象间的多重访问计算。
- 覆盖工具:面对大量使用的定性和定量分析工具,关注区域面积;也可用来分析对象周围的路径和姿态;品质因数用于进一步细化定性分析结果,且提供分析的可视性。
- 时间、计算工具:STK 10 版本新工具,允许用户在属性层面运用数据源为访问计算定义元素。
- 接近分析工具:用于计算空间运动目标间相对距离关系,通过对象所设定阈值与相对距离间关系判定对象间运动是否交叉或接近。

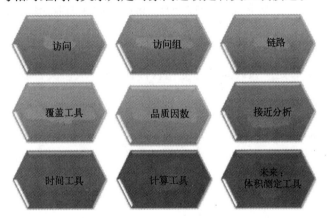

图 13.3　本体论工具

13.3.2　非本体论工具

如前所述,存在如下几类非本体论工具(图 13.4)。

- 向量几何工具:用于定义对象的位置向量,可用于不同对象间、或对象与中心体间坐标系统向量几何对比;向量几何工具可看作对象属性,也可作为对象约束工具,甚至可作为参考与 STK 工具结合使用进行空间测量。
- 地形转化、地球管理器工具:用于精细化定义场景拓扑属性及 3D 图像窗口。尽管其设置会明显影响输出结果,但其主要是作为场景定义的一部分,STK 在场景定义基础上进一步细化空间位置。

图 13.4 非本体论工具

13.4 时间计算

STK 的时间计算显示了期望之间或约束下有效视线分析之间的时间间隔。大多数的 STK 工具使用时间作为其算法的动态积分变量。主要采用时间间隔和约束的工具包括访问、访问组和链路。

访问、访问组和链路工具计算考虑了约束的两个或多个对象间的有效视线关系。其中,访问是访问组、链路的基础算法。例如,卫星接收器可接收遥测和无线电信号的前提是信号未被地球曲率、高山或建筑等阻挡。尽管其他因素(如信号干扰、减弱)会影响通信质量,但信号阻挡是首要和主要问题,其直接使视线连接访问失效。如果视线连接关系未建立,则对象的访问、访问组和链路计算能力失效。STK 是一款时间动态变化软件,时间在大多数计算分析中都是相关的。

13.5 理解光时延迟

光时延迟(LTD)指两对象间的时间度量。大多数仿真实例中对象间距并不远,或都是在单一行星区域,这些情况下光时延迟很小,可以忽略。当仿真分析的对象处于行星际环境或相对距离尺度较大时,LTD 需要考虑。正是由于这方面原因,LTD 计算是默认开启的,用户是否需要该时间度量可通过参数设置。当LTD 关闭时,无论两对象相距多远,访问的事件检测算法仅采用光速进行计算。附录 B 中有更加详细的 LTD 信息。

第 14 章　访问与访问组

本章要点：

- 访问
- 访问默认值与选项
- 访问组
- 访问组默认值与选项

14.1　引言

　　访问和访问组是用于评估 STK 对象间通视性的事件检测工具。尽管 STK 对象具有空间位置和方位属性，但其并不能直接用于评估对象间距离、视线、信号通信等关系。访问和访问组可用于解决这个问题，其通过检验对象间可检测连接是否建立来评估。从空间几何视角，STK 对象都可用于建立访问和访问组，包括地面站、目标、车辆、面目标、信号装置以及中心体等。访问工具是大多数工具的基础，为最重要和最基本的本体论关系，值得用户深入理解。

　　访问计算基于 STK 对象属性与约束、对象坐标系指向、时间间隔集、折射效果以及光时延迟。一旦访问或访问组得到计算，在一个或多个对象被修改之前，指定对象时间间隔的事件检测关系将被分析。当对象被修改后，访问将被重新计算或移除。当 STK 对象的访问被计算后，图形、报告和图像形式的访问细节输出将可生成。

14.2　访问

　　访问是 STK 中用于分析通视性的工具。在访问计算过程中，无论是静止还是移动的 STK 对象，都会被用于两两对比以分析对象间是否具备通视能力。通常情况下，STK 对象分析都是相对地球椭球体等中心体的。访问不但可用于计算诸如方向、距离以及空间方位等几何本体论关系，还可用于计算诸如信号分析等拓扑关系。访问具有两类数据关系：一对一关系（图 14.1）和一对多关系（图 14.2），这两类关系是访问两两对比分析的基础。

123

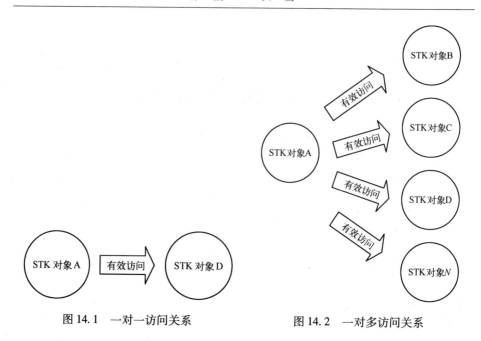

图 14.1 一对一访问关系   图 14.2 一对多访问关系

14.2.1 访问逻辑

访问逻辑采用成对对比和布尔逻辑作为计算基础,可用于系统地分析每一条对比链以确认初始对象(对象 A)是否对下一指定对象具有通视性。初始对象或源计算分析对象,往往是单一数;下一指定对象可能为单一数或对象数组。

访问计算过程中,目标对象可见且通信连接建立。为计算访问,对象间通视是必需的。访问逻辑(图 14.3)考虑了 STK 对象和布尔逻辑。例如,如果访问有效,则"对象 A 与对象 B = 真";如存在多个目标对象,则当对象间通视性满足"对象 A 与对象 B 与/或对象 A 与对象 C……对象 A 与对象 B = 真"时,逻辑关系成立。

14.2.2 几何本体论访问

本体论分析的首要形式为几何样式,其计算通过评估满足可见性两点之间距离实现。如果一个对象能无障碍地观测另一个对象,则两者之间存在通视性或可访问。标准视线分析中,一般不考虑大气折射,距离为基于地球水平位置并使用简单三角恒等式及函数计算得到。在其简单形式中,访问基于两点之间的直线计算(图 14.4)。为深入理解,水平位置须先定义。访问计算中,主要有两种相对中心体(实际的或虚拟的)曲线切线,其可用来定义首要对象的位置。显而易见,第一种为真实切线 d_t,其为中心体弧段水平切线;第二种为天文水平线 d_a,其依赖于首要对象的实际位置,与真实水平线平行。如果一个或两个对象发

124

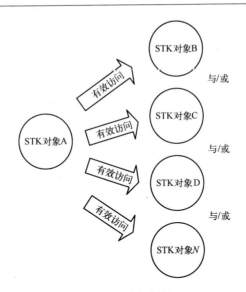

图 14.3 访问逻辑

生运动,则访问将会实时计算并分析通视性是否满足。

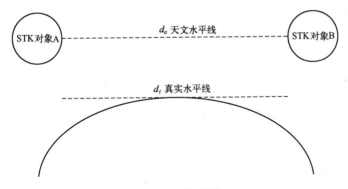

图 14.4 访问视线

通视性计算(仍然忽略折射影响)基于对象位置处的天文水平线,考虑了中心体的曲率。如果中心体为地球,则考虑椭球面。初始计算时,对象的高度为相对于地球平均海平面,以中心体的 WGS84 坐标系为参考系,或通过应用地形文件引入地形特征。

14.3 访问默认值和选项

STK 场景中,访问默认值和选项可进行全局或局部设置。访问计算采用来源于对象特性和访问工具定义的场景或根目录参数,这些参数的默认值为全局变量,在一个场景内对所有访问计算有效。选项为局部变量,在访问工具面板设置,可针对特定的访问计算修改。因此,可这样理解,全局默认值为工具属性,而局部选项为工具约束。

14.3.1　访问全局默认值

全局默认参数考虑时间步长以及基于访问间隔、容忍值、光时延迟及光时延迟收敛、失常类型的时间收敛。在 9. n 版本中,默认参数可通过"编辑→参数选择/访问默认值"(Edit→Preferences→Assess Defaults)进行查看和编辑;早先版本中,默认参数可在"选项"(Options)对话框进行查看和编辑(图 14.5)。所有定义可在 STK 软件的 Help 文件中查询。

图 14.5　访问全局默认值

最大及最小步长：计算时间约束，限制约束函数采样的时间间隔。

时间收敛：设置访问算法从开始到结束的最大时间。

容差值：用于控制事件检测，基于约束值相对先前采样值的偏差进行判定。

光时延迟：默认下总是开启的。然而，很多情况下，LTD 是不需要的，甚至会干扰正确分析结果。如果关闭光时延迟，则访问算法将使用光速计算访问，同时考虑 LTD 的 STK 对象约束，这个选项默认也是开启的。总的来说，STK 计算运行的顺序是首先定义光时延迟，然后计算折射，最后计算光行差。计算过程中，即使是天球差方式和光时延被修改，恒星光行差总是被考虑在内的。欲了解更多关于光时延迟的信息见附录 B——"光时延和视位置"。

访问事件的所有对象都会受到默认参数或 STK 对象修改特性的影响：默认参数用于进行基础形式的简单分析；通过定制默认值可反映真实情况，增加输出分析的真实性。如果用户已定制参数，可通过"选项"（Options）将这些新参数保存为默认值。如需新的默认值，用户通过修改已保存默认值，并单击"参数选择"（Preferences）页面最下端的"保存为默认值"（Set as Default）按钮保存。需要说明的是，所有修改仅针对当前场景。

14.3.2　局部访问选项

访问选项可在 STK 访问工具的对话框进行修改，为局部约束参数，仅对本次访问计算有效（图 14.6）。

图像：定义了有效访问如何在二维和三维窗口视觉展示。选项默认值直接从访问设置继承，具体细节可通过"场景名/特性/二维图像/全局属性"【Scenario Name/Properties/zD Graphics/Global Attributes】查看。在这里，STK 对象和映射可全局设置。通过局部继承这些特性，使得访问可视标准化。当然，用户也可通过修改"显示线条"（Show Line）、"动态高亮"（Animate Highlight）、"静态高亮"（Static Highlight）等特性以定制访问视觉效果。

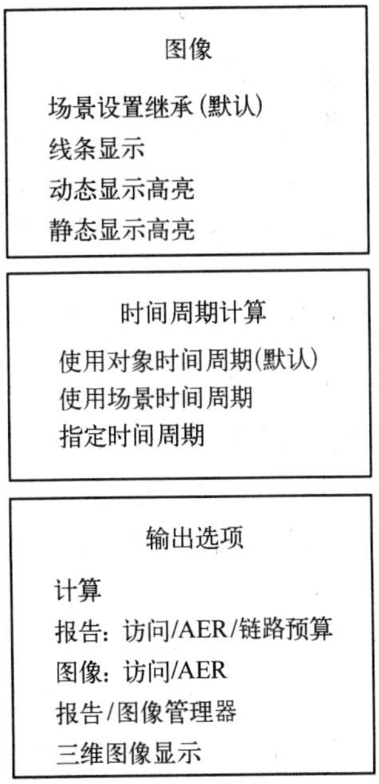

计算时间周期：访问计算和有效访问检查都是基于间隔时间水平所限定的时间周期开展的，默认周期由访问计算所涉及的对象

图像

场景设置继承（默认）

线条显示

动态显示高亮

静态显示高亮

时间周期计算

使用对象时间周期（默认）

使用场景时间周期

指定时间周期

输出选项

计算

报告：访问/AER/链路预算

图像：访问/AER

报告/图像管理器

三维图像显示

图 14.6　访问局部默认值/选项

时间决定,一般为对象时间的最小值。当然,用户也可通过访问面板设置计算时间周期为整个场景周期或任一段指定时间。

输出选项按钮:提供输出选项方便用户选择以分析已有信息,本书的第 20 章将对其进行更详细讨论。

- 计算:用于启动 STK 引擎执行访问算法,并根据相关图形设置在二维图像中显示;如果三维图像继承二维图像属性,其也会动态显示结果。需要说明的是,图上访问是以粗实线标注的。
- 报告:用于计算对象访问本体并形成报告输出。与"计算"按钮一样,"报告"按钮也会给出结果的动态显示,因此在点击"报告"按钮之前没必要点击"计算"按钮。访问报告默认显示访问时刻和时间段。"方位角 – 高度角 – 距离"(AER)报告给出方位角、高度角、距离以及有效访问时间段。需要注意的是,访问计算基于所选取初始对象的当地坐标系开展。当访问计算涉及两个或多个具有通信功能的对象(天线、发射器、接收器以及雷达等具有定义和分析信号的子对象可看作这一类对象)时,"链路预算"(Link Budget)按钮被激活。
- 图表:与"报告"按钮类似,"图表"按钮也可用于生成包括时刻、时间段以及 AER 的标准信息,以图表形式显示。图表格式默认为全局默认值,但也可局部修改。
- 报告和图表管理器:"报告和图表管理器"按钮可对报告和图表进行更加细致的设置,包括预制图表和报告、动态显示和带状图表等。另外,用户也可以根据需求自行定义图表和报告内容。
- 三维图像显示:允许用户定制三维图形的动态显示。

14.3.3 高级访问局部设置

可通过高级选项按钮实现访问计算的高级设置,允许对事件检测、步长控制、光时延迟和信号路径等进行修改,除了恒星对象应用的恒星光行差设置(图 14.7),这些高级修改优先于访问默认值。

- 事件检测:对通视间隔进行二次采样(或对步长二次采样),事件检测采样频率设置可用于确定精确的事件时刻;采样频率限于 STK 对象开始与结束时间区间,二次采样频率设定为 0.005s。对于大多数计算,需在最优解与计算时间进行权衡。例如处理空间任务时,需要采用几天或几周或半年甚至一年的采样频率;有时需要进行更加精细的采样以得到更好结果,如采样频率小于 1s,此时不再考虑计算时间消耗。因此,当用户设置事件检测采样频率时,计算速度代价需要重点考虑。一般来说,计算结果

事件检测

使用二次采样精确确定事件时刻(默认)

仅使用一次采样

时间收敛：0.005s

容差：

相对值：1e-008

绝对值：1e-014

步长控制

变步长（默认）

最大：360s

最小：0.01s

定步长（通过步长或时间步改变）

光时延迟

开启（默认）

光时延迟收敛：5e-005s

光行差类型：年度

信号路径使用

时间主机—基站

时间主机的信号感知—发射

图 14.7　带默认值的高级局部选项

越精细,耗费时间越多。

- 步长控制:分为变步长和定步长两种,变步长基于对象运动及约束并采用复杂算法进行实时计算,而定步长采用恒定采样步长。相比于变步长来说,因为不考虑对象运动,定步长计算更为平滑。

- 光时延迟:默认状态是开启的,开启与否对应于是否链接光行差。STK 引擎计算顺序为:光时延迟、折射、光行差。折射考虑信号传输路径弯曲,甚至视线外的弯曲;光行差有三种基本形式:全部、年度(默认)和无。年度光行差考虑行星或参考中心体的运动但不考虑速度,完全光行差全部考虑。

- 信号通道:允许用户选定 STK 对象为信号主机以及设定信号传输方向。

14.4 访问数据源

数据源是STK对象或工具产生数据的总称。对于访问计算来说,其结果来源于访问初始对象。信息的提供依赖于内嵌于STK对象或工具的默认数据源,这些数据源配合STK引擎进行计算,可提供大量关于对象间关系的有价值定量信息,如方位角、高度角、距离、日期以及访问时长。方位角定义为天球上从正北方0°起算,正南方为180°,沿顺时针度量,直至360°又回到正北方起点,类似于地面导航的指南针,如图14.8所示;高度角是两对象连线与地球椭球体切线的夹角,距离指两对象间距,如图14.9所示。

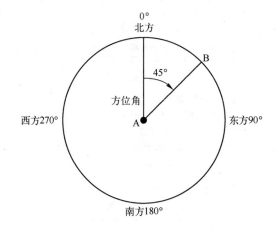

图 14.8 方位角定义

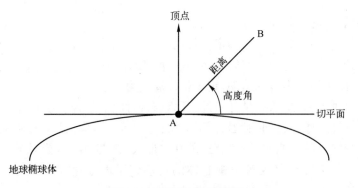

图 14.9 高度角及距离定义

许多因素都可能影响对象间的通视性,如运载器、建筑、山以及地球曲率都会阻碍访问计算。访问计算针对对象沿直线的观察,视线是其基础,属于限制选项且默认是开启的。如果将视线关闭,则会使得对象间的通视性更加形象化。其他阻碍通视性的约束条件可在计算对象的约束页面设置。作为一款重点针对访问约束和视线的软件,当对地面对象使用视线约束且使用访问工具计算行星,视线约束不会限制行星的可视性。在早期版本中,如果对地面对象和行星采用访问计算,则视线不会被关闭。

14.5　数据源定制

用户可对访问间隔中使用的数据源进行定制,包括向量几何形式、链路预算的特殊种类或特殊的滤波结果。数据源为整个 STK 对象和工具系统的低阶属性。通过定制图表和报告访问数据源,计算和时间工具允许用户缩小分析范围以及精细化分析结果。

14.6　访问组

访问组是访问的一种特殊形式,用于评价单个对象与一组 STK 对象间的通视性。但是,访问组与一般访问存在不同,它由初始对象开始计算且使用该对象的空间位置和时间间隔,进而基于对象数据库并分析对象位置以确定满足给定时间范围及视角的对象。对象数据库包括卫星、星系、地面站和目标、星座以及区域目标(图 14.10)。

- 选择对象类型:选择初始 STK 对象。
- 输入:指时间间隔标准,用于限制可能的目标对象组,默认时间间隔为场景时间。
- 选择目标组:允许用户选择对象类型和数据库文件,在此用户可选择感兴趣及期望与初始对象进行通视性判断的目标类型。目标组类型包括卫星(默认)、地面站、目标、星系、星座或者区域目标。
- 约束:允许用户从对象浏览器选取对象并对其进行约束以应用于目标组分析。
- 输出:允许用户选择如何浏览报告和文件,包括通过对象或开始日期(默认)。
- 数据:包括报告(默认)或其他格式的输出文件。

为理解访问与访问组的不同,用户可对比两者问题和输出结果。例如,对于 STK 访问工具,问题一般为"什么时候我能观测 STK 对象 A,B,…,或 N?""能够观测多久?""这些对象的高度角是多少?"输出则会给出对象间通视性的如上问

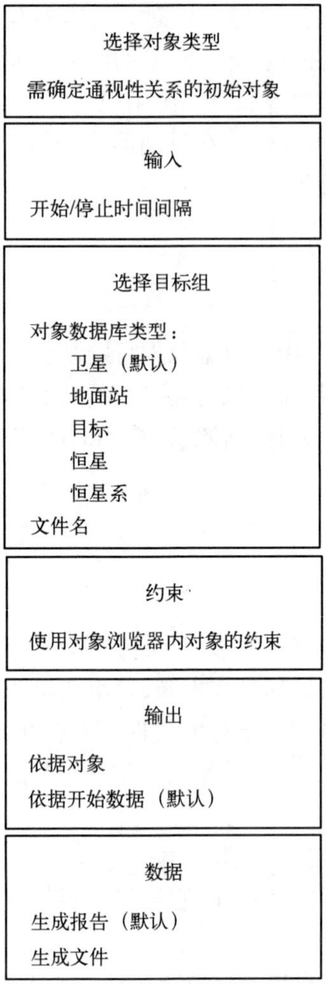

```
┌─────────────────────────────────┐
│          选择对象类型            │
│   需确定通视性关系的初始对象     │
├─────────────────────────────────┤
│              输入                │
│   开始/停止时间间隔              │
├─────────────────────────────────┤
│            选择目标组            │
│   对象数据库类型：               │
│        卫星（默认）              │
│        地面站                    │
│        目标                      │
│        恒星                      │
│        恒星系                    │
│   文件名                         │
├─────────────────────────────────┤
│              约束                │
│   使用对象浏览器内对象的约束     │
├─────────────────────────────────┤
│              输出                │
│   依据对象                       │
│   依据开始数据（默认）           │
├─────────────────────────────────┤
│              数据                │
│   生成报告（默认）               │
│   生成文件                       │
└─────────────────────────────────┘
```

图 14.10　访问组选项

题答案,并以动态或者静态图形、图表或报告展示。对于访问组工具来说,问题一般为"给定时间段内我能观测到哪些 STK 对象?"输出则会根据计算结果列出指定时间段内能够观测到的对象。

第 15 章 链　　路

本章要点：

- 定义链路
- 链路逻辑
- 链路选项

15.1　引言

链路为多段访问的有效组合，用于创建多次映射关系（即两个或多个对象间的通视关系，也可理解为 1:1 或 $M:M:M\cdots\cdots M$ 关系）且在计算关系过程中引入逻辑操作。链路工具使用一类特殊 STK 对象，即星座，使得星座对象簇分析具有鲁棒性，特别在通视性成对比较时尤为重要。只有当前一段访问得到满足且符合 STK 对象属性和约束时，链路工具才会进入下一段访问分析。

链路工具为每段访问定量地定义了距离、持续时间、仰角等信息（图 15.1）。与访问工具类似，链路工具也定量评估信号关系：链路工具本体论将对象间关系看作特定部分，这些特定部分采用从每个 STK 对象定义到访问或信号定义的过程进行分析。在此基础上，从链路的开始节点出发，整个链路关系开始进行本体论评估，要求链路的每一支路都具有通视性。

图 15.1　从地面对象到卫星和飞行器的链路访问

例如,当对象 A 与星座 B、星座 B 与星座 C、星座 C 与对象 D 同时存在有效访问时,才能形成一条完整的链路访问,如图 15.2 所示。

图 15.2　链路访问逻辑示例

15.2　链路逻辑

链路工具拓展了访问工具的成对事件检测,允许更多的对象按多次映射顺序进行访问检测。链路对象包括从初始节点到终端节点的所有单元。另外,使用星座对象允许数据关系链上的单一节点访问一组对象,考虑多种分析形式的计算复杂性大大增加。

为计算链路访问,沿着信号链路的所有对象间必须具有通视性。与访问工具类似,默认的链路计算也考虑光时延迟。例如,如图 15.3 所示,当两个对象满足"存在对象 A 和 B,当 A 与 B 具有通视性时"链路访问成立,与简单访问(1∶1 关系)具有一致的逻辑关系。

图 15.3　简单链路访问

当考虑多个对象间的链路访问时,按序两两对象间的通视性必须满足,即符合"对象 A 与对象 B 与对象 C 与对象 D ＝ 真值",如图 15.4 所示。

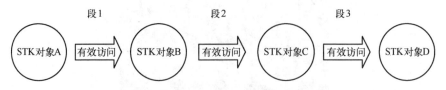

图 15.4　链路访问逻辑串

另外,还有一种形式的链路访问,其使用星座对象,提供了同一节点处多个对象备用计算的可能。星座中,对象间满足"与/或"的关系。如图 15.5 所示,

第一个实体代表对象,第二个实体代表星座,可看作"一对多"的关系,满足"A
与 B1 或 A 与 B2 或者…A 与 BN = 真值"。可以看出,图 15.5 所示链路逻辑关
系与图 15.6 所示的 1:*M* 访问具有一致性。

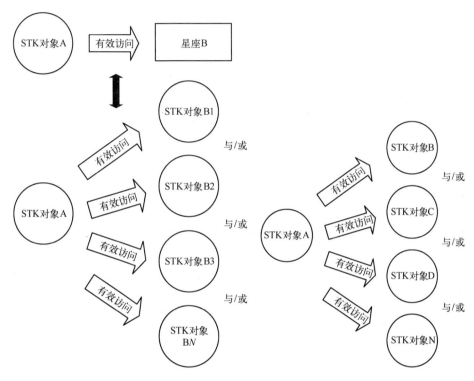

图 15.5　对象与星座的访问逻辑　　　　　图 15.6　访问逻辑

　　链路访问可能综合多节点架构并影响星座对象的使用。多节点架构的计算
与前述一致,每个节点星座包含的 STK 对象可能不一样。例如,星座包含的对象
可能为地面转发雷达、地面站、GPS 卫星集合体。星座内对象间的关系也可能不一
样,可能包括默认的"与/或"、或者用户自定义的"至少 $n(n=4)$ "等。星座内"至
少 $n(n=4)$ "关系意味着:该星座至少包含 4 个对象与前一节点对象间满足"与"
关系,如图 15.7 所示,即"[(A 与 B)与(B 与 C)]与[(C 与 D1)与(C 与 D2)与(C
与 D3)与(C 与 D4)与/或(C 与 Dn)]与 E = 真"。

图 15.7　访问逻辑(星座设定"至少 4"关系)

15.3 链路选项

15.3.1 基础模块

用户可在"链路/基础"(Chains/Basic)页面初步设定链路访问。在"可用对象清单"(Availble Object list)模块,已在对象浏览窗口显示的所有对象将会全部在此显示(图 15.8)。

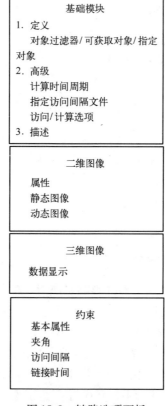

图 15.8 链路选项面板

用户可从"可用对象清单"模块选择任何对象并指定到计算对象清单中。子对象和父对象也可用于链路访问分析,然而两者的位置计算是独立的。另外,指定对象清单中对象的排序就是链路访问计算顺序,即从指定对象清单的顶端对象开始逐渐往下计算每个对象。仿真场景建立后,建议用户核实指定对象清单中对象排序,这对于通信计算分析尤为重要。在"基础/高级链路访问"(Basic/Advanced Chain Access)选项,用户可进一步修改访问计算时间周期,可将其设定为对象时间(默认)、场景时间或者用户指定时间段。如用户想设置 STK 对象时间间隔,可通过创建链访问间隔文件(∗ . int)得到,该文件允许用户定制开始—结束时间间隔;如用户想编排间隔文件格式,须与 STK 指定格式(∗ . int)保持一致。

15.3.2 二维图像

二维图像页面可用于修改链路访问可视化属性,大多数二维图像选项继承于三维图像设置;当然,用户也通过设定不继承。用户可修改静态及动态图像的线宽和颜色。

15.3.3 三维图像

一些动态数据展示选项包含于三维图像页面,当链路访问随时间改变时,这些选项允许用户动态展示数据生成器提供的信息。有一些选项可用于展示与通信信号质量相关的信息,如弯管、数字转发器链路分析等。如果用户想利用三维图像展示更多数据生成器提供的信息,建议采用报告和图像管理器。报告和图像管理器将在第 20 章进行介绍。

15.3.4 约束

链路约束重点关注成对对比分析时对象间关系如何分析。链路访问的约束选项包括对象位置、对象间夹角、用户定制间隔文件以及访问间隔等计算。需要说明的是,这些约束也属于对象约束的一部分。

第 16 章　覆　　盖

本章要点：

- 覆盖工具
- 品质因数
- 对象覆盖与品质因数

16.1　引言

通过成对比较从感兴趣区域到 STK 星座对象设备的通视性，覆盖提供了对面目标、对象路径、姿态球等 3 类对象的定性和定量时变分析。STK 9. n 版本有 3 种方式启动覆盖工具：软件启动时的 STK"对象/新对象"（STK Ojects/New Objects）导引；对象浏览器中右击 STK 对象；姿态球覆盖工具可基于子对象的"对象/新对象"导引获取。覆盖为分析工具，当其与品质因数结合后可进行统计计算及可视化显示（图 16.1）。与访问及链路工具一致，覆盖也运行访问算法用于评估从给定网格点（感兴趣点）到设备间的通视性。

```
┌──────────────┐   ┌──────────────┐   ┌──────────────┐
│ 覆盖工具 （品 │   │ 对象覆盖工具  │   │ 姿态覆盖工具  │
│ 质因数）      │   │ （GUI 的品质  │   │ （姿态的品质  │
│              │   │ 因数）        │   │ 因数）        │
└──────────────┘   └──────────────┘   └──────────────┘
```

图 16.1　三类主要的覆盖工具

在覆盖工具的属性页面，用户可定制一些特性以促进 STK 对象表现，该定制过程体现本体论关系。为使覆盖特性可见，用户需要基于品质因数的统计分析开展评估。品质因数可在覆盖属性页定义并继承访问特性，允许统计分析及可视化。覆盖及品质因数工具可用于评估静态及动态输出，静态输出为指定时间段内的计算综合，而动态图表能够显示输出结果的时变性以及特定时刻的评估结果。

覆盖工具用于回答像有多少设备可在给定时间内覆盖指定区域这一类问

题,也可用于帮助用户理解为什么存在通视间隙、运行参数影响分析、检测测量精度因子计算。该信号评估也可用于链接质量分析。

16.2　覆盖工具

通常来说,覆盖为一类面向设定区域、对象路径、姿态球的访问分析工具。事件检测的分析定义基于网格点进行计算,该网格为用户自行定义或为感兴趣的多边形区域,包括面目标、球以及经度/纬度约束区域(图 16.2)。面目标约束区域的覆盖可被包含于传感器视场、中心体的固定区域以及地形覆盖。一些覆盖也可使用折线形式路径,如一定时间的飞行器运行轨迹。事件检测选项允许用户查找精确的事件时刻、持续时间以及步长控制的误差容忍值。

在覆盖工具的属性页面,用户可定义将用于感兴趣区域的网格类型、交叉点间距及位置。网格点可用经度、纬度、全球、定制边界以及区域进行约束,可基于"网格点间距"(Point Granularity)模块进行计算或通过引入定制的"网格点文件"(Point File)进行设置。

基于覆盖工具分析,对象间为"多对多"或"多对一"关系,覆盖的计算起点基于网格点。默认网格定义为序列坐标点,从地球赤道起算,按纬度、经度约束区域的间隔尺度来设置。或者,网格也可基于等距离点或用户自定义的经纬度点来定义,当然,这些点集须以网格为基础且位于网格最大/最小纬度之间。网格点与单个对象或星座对象进行成对比较,见图 16.3。

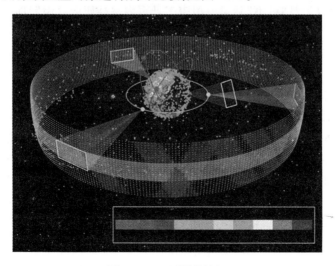

图 16.2　卫星覆盖访问

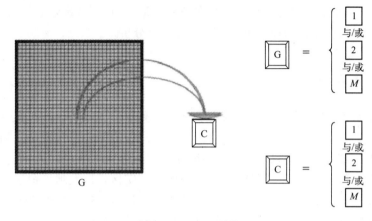

图 16.3　$M:M$ 覆盖

16.3　STK 对象覆盖

STK 对象和对象路径与标准覆盖工具一样使用 STK 对象覆盖工具。路径可描述为时变模型并看作一序列移动点集,称为"路径点"(Waypoint)。在 STK 三维图形窗口,对象路径形成一条折线;该折线拥有平行点,用于与对象覆盖工具中定义的对象进行成对比较。对象覆盖工具可通过右击对象浏览器的相关对象或从工具任务按钮菜单访问。与标准覆盖工具和姿态覆盖工具(两者都需要添加品质因数子对象)不同,对象覆盖工具页内嵌品质因数设置项。

16.4　姿态覆盖工具

姿态覆盖是一类特殊工具,当用户在"STK 对象/三维图形窗口/姿态球属性"页面为对象定义姿态球时使用。姿态覆盖工具是附属于 STK 对象的子对象,可从 STK 附属对象插入。姿态覆盖工具需要添加品质因数子对象用于统计分析及可视化显示,称为姿态品质因数(AFOM),形成子对象的子对象关系。

AFOM 的成对比较计算与其他覆盖工具稍有不同。由于姿态的球形本质,AFOM 是独一无二的,反映了 STK 对象的姿态覆盖。计算点并不是基于网格点而是基于对象中心及对象周围区域。总体来说,AFOM 关系考虑了带姿态球的对象,以及从该对象到覆盖对象间的评估。

16.5 品质因数

品质因数(FOM)是覆盖工具的子对象。如果覆盖工具未附加品质因数,其计算结果在 STK 用户界面的图形窗口是不可见的。作为覆盖工具的子对象,品质因数继承了覆盖工具所定义的关系。经 STK 引擎计算后,品质因数评估对象覆盖效率并以图形或报告形式给出统计特性。品质因数将覆盖关系的统计评估赋予 STK 算法,该覆盖关系由覆盖工具和 STK 对象属性所确定。

品质因数工具使用多种不同的效率评估方法,除精度和导航精度(图 16.4)不适用于姿态品质因数外,其余评估方法都适用于三种形式的品质因数工具。

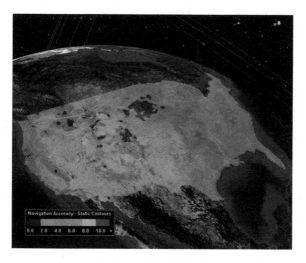

图 16.4　导航精度覆盖

访问约束:给出平均、最大、最小、超出百分比、低于百分比以及数据总和等报告(图 16.5),这些数据来源于与覆盖工具网格点存在有效关系的 STK 对象。STK 存在有限的来源于所选取对象的可能约束列表,虽然对象包含的约束不一定得到使用,但大多数基本的和信号的约束都包含于该列表。

访问周期:对象具有通视性的时间区间。

访问间隔:有效访问的时间间隔,给出一个布尔响应输出值,如果针对某个区域的访问满足,则返回正值;如果给定时间间隔访问不满足,则返回负值。

数据时间:从上一次访问中断到当前分析的时间间隔。

覆盖时间:所选定感兴趣区域动态和静态覆盖周期的有效测量,包括每天

图 16.5　访问约束属性

的最大/最小时长、每天的最大/最小时长比例、访问周期的比例以及有效访问总时间。

精度:基于对象几何位置来评估对象间通视性质量,表示为位置误差与距离误差的比值。当对象对网格点存在有效访问时,这个比值取决于卫星的水平与纵向分布。卫星的几何分布越广,误差比值越小,即 DoP 越小。这一类 FOM 允许使用指定约束,如给定时间区间内满足期望访问特性的最小对象数量。总的来说,DoP 方法基于所定义的几何中心,具有几何的、位置的、水平的、纵向的、东方的、北方的以及精度等属性。

N 对象覆盖:给出具有有效访问的对象编号以及有效访问时间,FOM 工具约束基于此评估。

导航精度:该 FOM 基于对某网格点同时访问的卫星数量来考虑导航的不确定性,计算所使用的方法基于几何属性,包括水平的、纵向的、东方的、北方的精度以及时间精度。由于该 FOM 重点关注网格能力,不适用于姿态 FOM。

访问数量:用于计算对所定义覆盖区域具有访问的对象数量,同时给出对应的有效访问周期。

访问间隔数量:当任一关注网格点处于访问的覆盖间隔时返回布尔响应值,统计无效的访问次数,给出平均值、时间分布、每天的无效访问次数、每天的最大/最小无效访问次数、覆盖分析时间范围内的无效访问次数。

响应时间:给出有效访问的时间间隔及有效访问周期。

重访时间:给出目前无效访问的重复周期。

标量计算:考虑通视性的角度幅值时变特性、其他标量时间求导、积分或二

142

次标量组合,在 STK 10 的"计算和时间工具"(Calculation and Time tools)中也被使用。

简单覆盖:计算从网格点到对象是否存在有效或无效访问并给出布尔响应。

系统响应时间:与响应时间类似,区别在于系统响应时间主要关注从访问需求建立到所有对象开始响应的时间间隔。

无访问平均时间间隔:给出整个覆盖分析中平均无访问时间间隔。

第 17 章　通　　信

本章要点：

- 信号通信基础
- 访问和链路预算
- 链路：单段和多段
- 覆盖与通信
- 通信系统
- 通信扩展

17.1　引言

　　信号通信使用访问算法作为其基础，用于对象间通视性判断。信号链路采用几种工具进行定性分析：访问、链路、覆盖或通信系统。基本信号链路通过定制 STK 通信子对象进行计算，包括接收器、发射器、天线以及雷达。信号评价不能基于那些没有信号模式数据生成器的对象开展，因此地面站、飞机、卫星或者传感器等不具备信号评价能力。采用通信子对象和通信工具的本体论关系可进行信号质量评价以及信号阻碍、干涉分析。

　　所有通信工具首先利用访问算法对信号进行评价（图 17.1）。在使用访问或链访问时，如果通信子对象间通视成立，则进行定性分析计算。如"第 14 章访问与访问组"和"第 15 章链路"那样，通视性分析完全一致。在简单访问算法中，数据关系有两种形式："一对一"和"多对多"。链访问两两比较数据关系，包括简单的"一对一"和复杂的"多对多"等。基于信号评价，多段通信不仅可在弯管中定向计算，还可经由各支链进行其他形式的联动分析。

　　通信计算工具评估通信子对象间本体论关系。例如，访问工具同时考虑信号质量以及接收器子对象与发射器子对象间链路预算分析，另外也计算时长、方位角以及俯仰角；链路评价接收器与发射器、接收器与转发器之间的信号质量。然而，正如评估信号的链路分析一样，多段反射模式须具有完整的和有效的通视性以确保信号评价质量，影响使用星座的成对鲁棒分析。从 STK9.0 版本开始，

144

发射器与接收器对应,计算都是基于信号发射的,在附录 C 中包含了一个计算流程图。

信号评价中,用于通信对象归属定义的组件与第 11 章讨论的通信组件一致。这些组件有指定的数据生成器,在利用工具建立本体论关系以及通过 STK 引擎计算后以多种形式输出;允许使用 MATLAB 进行更详细的 STK 对象开发以及增益、损耗或约束脚本定制。

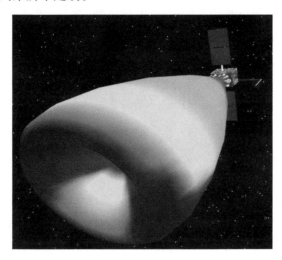

图 17.1　天线强度可视化

STK 是一款时空信息系统软件,通信可视化功能是内嵌的,具体实现为:首先,定义 STK 对象,包括二维和三维图形窗口属性设置,然后设置通信分析的本体论关系;其次,STK 引擎计算该本体论关系,并在图形界面给出静态的和动态的输出结果。输出结果形式多样,包括动态显示、图形和报告等。本章重点是帮助用户定性理解访问、链路、覆盖以及通信系统提供的大量本体论关系,是 STK 通信导论而不是系统介绍。

17.2　访问及链路预算

通信分析使用访问工具,允许用户评价链路预算和定制各段的个性化信号质量分析,并计算事件检测的时刻、时长、俯仰角、方位角以及距离。需要注意的是,访问计算默认采用光时延迟。除此之外,访问工具计算通信过程的信号增强与损失,即链路预算。评价信号指标为错误信号比特与传递总信号比特之比,即比特错误率(BER)。链路预算报告将在第 20 章"输出"进行详细介绍。简单链路预算的输出结果有限,但足以让用户理解 STK 如何处理相关计算,而详细的链路预算包含丰富信息。简单的链路预算从发射器子对象开始计算,到接收器子对象为止,传输的基本参数通过对象属性和组件设置进行配置。通过访问,链路关系可评价从发送节点到接收节点的信号质量。

对象的基本默认设置考虑了链路方向发射器的有效全向辐射功率(EIRP)等输出因素,帮助文件说明了 STK 如何计算 EIRP。EIRP 值等于发射器功率(dB) + 天线增益(dB) + 任意过滤器及发射后增益/损耗(dB)。简单和中等发射器给出了天线默认值,而复杂或多波束发射器允许用户针对从 STK 通信组件列表中选定的天线类型定义属性。默认天线是全向天线,无任何观测盲点。虽然在所有天线组件中 EIRP 是用户定义的,但在简单的天线组件中天线增益不由用户定义。不同于简单发射器,中等的、复杂的和多波束发射器的天线增益由用户定义。

EIRP 为

$$\mathrm{EIRP}_i = P_t + G_{\mathrm{ant}} - L_{\mathrm{filt}} + L_{\mathrm{post}}$$

式中,P_t 为发射器的发射功率,G_{ant} 为发射器的天线增益,L_{filt} 为滤波器损耗,L_{post} 为发射后增益/损失。

接收器输出计算可用于评估所接收到的多普勒频移和用通量密度计算的各向同性接收功率(RIP),详细计算过程见 STK 技术说明的"信号是如何来的"(how the signal is derived)部分。

接收到的多普勒频移为

$$f_{\mathrm{Rec}} = f_{\mathrm{In}} \sqrt{\frac{c - \dot{r}}{c + \dot{r}}}$$

式中,f_{In} 为发射频率,c 为光速,$\dot{r}$ 为发射器与接收器间相对速度。

各向同性接收功率(RIP)为

$$\begin{cases} \mathrm{RIP} = \mathrm{EIRP} + L_{\mathrm{prop}} \\ \varPhi = \mathrm{RIP} + \lg\left(4\pi \dfrac{f^2}{c^2}\right) \end{cases}$$

式中,L_{prop} 为发射器与接收器间的总传输损耗,f 为接收频率。

通量密度为

$$\varPhi = \mathrm{EIRP} \times L_{\mathrm{prop}} \times 4\pi \frac{f^2}{c^2}$$

STK 计算 BER 以实时仿真比特误差,计算过程使用了信噪比(Eb/No)和来源于"…\\STKData\Comm\SrcModFiles"编码调制器的文件查找表(* . mod)。基于给定的比特能量水平,误码率结果采用插值计算得到。如果能量水平小于表中第一个数,则采用第一个数对应的 BER 值;如果比特能量水平大于表中最后一个数,则表示没有错误并返回值 1.0^{-30}。误码率值越小,表示信号质量越高。报表和图形章将给出更详细的链路预算,包括所有简单链路预算和其他信息。

17.3 链路:单反射和多反射

链路允许通信子对象的单反射和多反射信号评价,使用 STK 通信模块的信号质量识别允许对星座对象进行复杂分析和对多种水平的比较关系进行评价。通过对象和工具的合理设置,分析结果可显示多路径所有可能的信号链路。

尽管链路算法基于对象和链路工具,但信号评估计算是在报表和图形管理数据生成器中使用 STK 引擎进行处理。链路允许进行所有链路预算分析,意味着访问链路预算中所有基本链路预算分析都在链路中显示报告。另外,数据生成器允许弯管和重发射信号的评价,并具备从多个支路评估总链接的能力。链路工具所具备的附加作用如图 17.2 所示;弯管评估在链路工具的数字和模拟信号评价都有应用(图 17.3)。

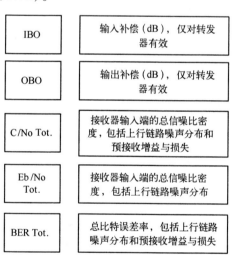

图 17.2 多反射通信的附加数据

17.4 覆盖

联合覆盖工具和通信系统使用,可对感兴趣区域或飞行器路径的信号强度进行分析求解以及可视化报告输出;联合覆盖工具和品质因数允许用户评估指定区域的信号质量和效率;联合使用覆盖工具和通信系统可给出信号干涉分布,用于评估信号阻碍和干涉。如果用户需要更多高级功能,可使用"TIREM"或"城镇演化"(Urban Propagation),两者底层都是基于 QualNet 和 GIS 操作。

17.4.1　通信系统

通信系统允许用户从场景中已设置的运载器和中轨地球卫星通信信号中确定可能存在的干扰源,而通信系统链接工具分析及区分接收器和发射器星座信号及可能存在的干扰信号源。干扰源或参考带宽可在特定时刻或时间段内计算。

干扰法必须服从国际电信联盟(ITU)相关标准,ITU 管理全球无线电频谱使用及通信设备标准。干扰重点关注等效功率通量密度,指信噪比(以发射器和接收器带宽为分母的比率)的重叠部分。通信系统的链接信息数据生成器报告所有干扰源的总功率通量密度,该过程独立于所需或预期的发射器。

$$Pfd_{tot} = \sum_{i=1}^{n} Pfd_i$$

式中,n 为干扰源数量。

STK 帮助文件描述通信系统的干扰信息,该干扰信息利用功率通量密度除以干扰源数目进行计算,独立于预期或目的的发射器。下式为功率通量密度方程,需要注意的是所有参数均采用国际单位制。

$$Pfd = EIRP_i \times L_{pot} \times \frac{1}{4\pi D^2} \times \frac{G_{rcvrAnt}}{G_{max_{rcvrAnt}}} \times \frac{B_{ref}}{B_i}$$

式中,L_{pot} 为干扰信号的极化损失,$G_{rcvrAnt}$ 为干扰源的天线增益,$G_{max_{rcvrAnt}}$ 为天线最大增益(视轴增益),B_{ref} 为参考带宽,B_i 为干扰源带宽,D 为干扰源与接收器之间距离。

通信系统是一类复杂的动态 STK 工具,用于建立本体论关系以定性评估信号的相似性、重叠度和差异性。由于是定性分析,信号的组成及构造成为分析主体。

17.4.2　通信扩展

1. TIREM

地形综合粗略地球模型(TIREM)是一款基于物理特性的建模软件,用户可基于其分析 1MHz ~ 40GHz 频率信号传播损耗。作为 STK 场景层面的全局扩展应用,TIREM 可在无线电属性页进行设置。该软件是由位于美国马里兰州安纳波利斯市的安良(Alion)公司创建(http://

www. alionscience. com），用于分析陆地和海线等地形及海拔剖面的延伸，直至终点。Alion 公司宣称该软件可对自由空间传播、反射、衍射、表面波、对流层散射和大气吸收等进行有效评价。使用 Alion 公司许可的剖面图，在 STK 环境使用 TIREM 进行物理建模以及计算。

图 17.3　多路通信分析

对于视线内的点，TIREM 路径损耗引入频率来确定正确模型以进行仅有海、海/陆组合或仅有陆地等分析。海洋评估采用包括光滑地球损失模型以及对海洋距离进行 1MHz～10GHz 加权的模型。陆地视线（LOS）包括几类模型：1～16MHz 光滑地球反射损耗、16～20MHz 反射损耗的内插值以及 20MHz～10GHz 更高频的反射损耗。对流层损失模型涉及上述 3 类模型的散射，表征电磁信号从地球对流层反射出去或超视距（BLOS）折射的测量，为频率函数。LOS 和 BLOS 模型都考虑了大气吸收。

2. 城市传播

"城市传播"（Urban Propagation）插件模型对城市环境中两点间特定视线传播损耗进行评估，如市内峡谷，属于一类"三重路径测地"（Triple Path Geodesic）模型，其对从 STK 发射器对象到 STK 接收器对象的 3 路信号路径进行评估。为综合信号强度，测量是在接收器处进行评估。该项技术由 AGI 的商业合作伙伴 Remcom 开发。

3. QualNet

QualNet 由 Scalable Networks 公司创建，可计算现实环境以网络为中心的系统。由于 STK 模拟实时的、基于物理特性间的通信，允许网络分析成为战场管理的关键。STK 对象定义路径和动力学，路径会影响基于物理属性的移动建模，动力学考虑了引力模型。QualNet 充分利用面向对象的环境来评估物理层的无线链接和天线输出，以方便理解无线通信。可预见的是，STK 可互操作使用即将到来，随之而来的是更加准确的网络分析。

第 18 章 接 近 分 析

本章要点：

- 接近分析定义
- 预滤器的使用
- 如何使用 CAT 进行接近分析
- 如何使用 CAT 计算碰撞概率

18.1 引言

STK 提供了一个很好的本体论分析框架，不仅可知道单颗卫星具体位置，而且可显示卫星之间的关系。在三维窗口显示位置信息是一种有效途径，可对卫星间相对关系进行可视化判断。图 18.1 给出了地球同步轨道正常卫星及对其造成威胁的失效卫星和其他轨道碎片态势。图中态势看上去很吓人，卫星间

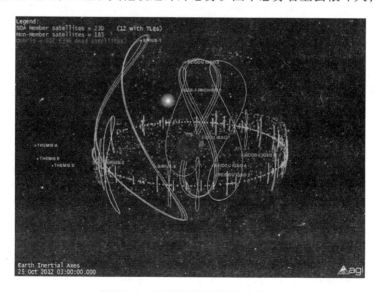

图 18.1　地球同步轨道卫星和碎片

看上去相距很近，存在碰撞危险。实际上，空间区域很大，实际情况没有图中看上去那么糟糕，但我们仍需利用工具整合所有相对关系数据以帮助分析卫星接近情况，这正是 STK 接近分析工具（CAT）所做的事。无论用户关心的是单颗卫星、卫星星座或所有正常工作卫星，CAT 都能迅速分析"一对多"或"多对多"的场景，确定卫星何时接近用户指定的卫星。

18.2　CAT 如何工作

对于 CAT 来说，其基本任务较简单。对两两对象（卫星或碎片），CAT 快速查找对象间相对距离小于指定值的时刻，这正是 CAT 的亮点所在。CAT 进行对象间相对距离插值以快速确定最小值，避免了繁琐的单时间步计算。但在该层面，许多轨道对并不需检测，因其基本属性在本质上已消除了接近的可能性。对此，CAT 提供了一种简单的方法进行数据预过滤，从而避免了对那些不可能接近轨道对的深入分析。例如，如果一条轨道的远地点总低于另一条轨道的近地点，则在这两条轨道运行的卫星不可能碰撞。这就是 CAT 四种预滤器的第一种，即 Apogee – Perigee 过滤器，其计算过程中考虑了单个对象轨道不确定性补偿。

即使两轨道的远、近地点重叠，两卫星接近只能发生在两轨道的交点或两轨道平面的交线。在这些节点上，如果两轨道之间的距离大于设定值，碰撞也不会发生，这种过滤器称为 Orbit – Path 过滤器。如果对象不是同时靠近相同节点，碰撞也不可能发生，这种过滤器称为 Time 过滤器。最后一种 CAT 过滤器为 Out – of – Date 两行轨道根数过滤器，其丢弃超过一定时间的两行轨道根数以避免产生不精确预估。

在执行实际接近计算前利用这些预过滤器进行分析会额外增加一些计算量，但相对于直接进行全面的接近分析来说节省了大量时间。这四类过滤器可单独选择，其参数设置采用两类方法，见下节。

18.3　如何使用 CAT

有两种方法访问 CAT：第一种是右键单击关注的卫星，然后点击"接近分析"（Close Approach），在"接近分析"主控面板用户可设置基本条件（如计算周期、最大距离等），然后进行接近分析计算。进而，采用高级按钮用户可选择两行轨道根数、预过滤器以及设定相关参数，甚至自动将接近分析的目标卫星添加到 STK 场景。如图 18.2 所示。

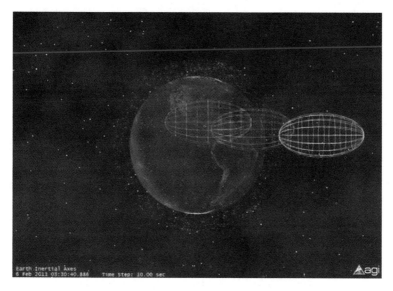

图 18.2　三维窗口显示的高级 CAT 分析结果

当用户点击"计算"（Compute）按钮，接近分析结果将在"计算结果"（Compute Results）窗口显示，具体显示如下：

- 开始搜索接近卫星数据库；
- 卫星数据库发现 15010 颗待选卫星；
- 经过日期和轨道预报测试后剩余 14956 颗待选卫星；
- 经过远近地点过滤器后剩余 1316 颗待选卫星；
- 经过路径过滤器后剩余 767 颗待选卫星；
- 经过时间过滤器后剩余 322 颗待选卫星；
- 经过相对距离过滤器后剩余 3 颗待选卫星；
- 在指定约束内发现 3 颗卫星满足接近要求；
- 接近分析完成。

高级 CAT（AdvCAT）提供更多功能。同样，AdvCAT 的预过滤器及其参数也在"基本高级"（Basic Advanced）窗口设置。然而，AdvCAT 还有几个更细微特点，可使整个计算过程更顺畅。"基本高级"属性窗口具有一个选项，可关联对象文件以避免查找已知接近关系的卫星群，如地球静止卫星带；简单列出关联的对象群不仅可省略近距离接近报告，且可显著减少计算时间，因为每一类近距离接近的预滤器分析需要额外计算。另外，还有一个指定包含卫星半径（即卫星最大尺寸）文件的选项，以用于更精细的碰撞概率计算。这是非常重要的，因为点群只进行直接碰撞分析，但实际上当卫

153

星间相对距离小于两星半径之和时都可能发生碰撞。例如，假设两颗卫星半径都为4m，则当两卫星间距小于8m时，它们就有可能（取决于姿态）发生碰撞。或者，更准确地说，如果卫星间相对距离超过8m，则它们肯定不会发生碰撞。

设置和运行AdvCAT是在"Basic Main"属性面板，用户可选取一个或多个主要对象，即所需分析的卫星，以及次要对象，即可能接近威胁主要对象的对象。主要对象为次要对象的子集，因为如果没有紧密监控，正常工作的卫星可能也会接近其他卫星造成碰撞威胁。用户可选取任意对象（不管积分器采用何种模型）或全部两行轨道根数对象（典型地，选取与日期变化紧密相关的轨道对象）加入STK仿真场景。然而，用户不能改变TLE存储路径（与接近分析一致）。因此，用户需要把所需用到的两行轨道根数存放在指定路径，且以 .tce、.tle 格式存储（.txt 格式不行）。

如果用户仅对基于距离的计算感兴趣，那么只需使用相对距离测量、设置距离阈值并点击"计算"按钮。一旦操作完成，用户可右击AdvCAT以生成CAT相关报表，从而获得任意近距离接近的具体信息。如果用户设置显示椭球于三维图形，可在三维窗口看到椭球结果。

18.4 计算碰撞概率

如果用户对碰撞概率感兴趣，AdvCAT工具可提供此项服务。首先，设定相对距离阈值为零并取消选中使用距离测量；该设置将计算对象协方差椭球间距（切线间、中线间以及法线间，采用哪一类相对距离标准取决于用户加入AdvCAT时的默认属性）而不是质心间距。当两椭球接触时，等价于综合协方差概率为1σ，且在三维窗口显示椭球变红。如果希望接近概率为2σ或3σ水平，则需分别在"基本高级"属性面板设置椭球缩放因子为2或3。

真实的或最大的碰撞概率（两者都可计算得到）不仅取决于综合协方差，也与星体半径有关。如果用户未指定星体半径，STK将使用默认值1m，等价的综合1σ近距离接近可能产生10^{-5}或更小的最大碰撞概率。真实与最大碰撞概率的不同之处在于，后者指定的综合1σ椭球要求两卫星都包含于该椭球，而前者指具有指定尺寸的两对象在一定距离处发生碰撞的概率。

设置真实协方差很困难，除非用户可从独立的轨道确定求解获取相关数据。在这种情况下，用户可直接在卫星对象定义中设置协方差值，并在Adv-

CAT 中选择协方差类型，此种情况将提供最真实的仿真结果。使用固定协方差类型是最简单的（系统默认的），但不切合实际，因为真实的协方差椭球随时间变化。STK 提供选项可允许用户定义协方差增长为二次型，但所做的相关努力始终没有得到一个符合现实的旋转协方差。

轨道分类选项应谨慎使用，因为即使直觉上相似轨道的卫星会产生相似统计特性，但 GPS 星座的详细分析驳斥了这种假设（见 http：//celestrak. com / publication/AAS/07 – 127/）。差异性产生的原因为：即使轨道相似，但观测过程可能不同（如观测几何、光线、轨道上的观察位置等不同）。

18.5　实际应用

为进行感兴趣卫星的接近分析，用户需花费一些时间对 STK 场景进行合适的详细设置。幸运的是，STK 具有一些非常强大的功能，可利用"连接"（Connect）语言对 STK 场景进行自动化建模，这些语言包括 C#、VBScript、JavaScript 等，且可保证一致性应用及避免错误。虽然本书没有涉及"连接"语言，但下面的例子能激发用户的好奇心。

CelesTrak 提供的 SOCRATES（在轨卫星轨道接近评价威胁报告）软件使用"连接"自动创建场景，显示一周内地球轨道上任意 5km 范围内的所有卫星；最近的一次运行从 15028 个对象（所有卫星和碎片都有 TLE 数据）中筛选出 3237 颗卫星。SOCRATES 保证合适的相关对象和星体半径文件使用以及所有其他配置选项设置的恰当性。当某些对象相距 5km 从而进入 3237 颗卫星统计时，SOCRATES 花了 80min（基于标准的台式计算机配置）查找 17602 次，计算结果以 . csv 文件形式上传到 CelesTrak，在 CelesTrak 中 Perl 和 JavaScript 语言被用来报告结果。如果用户想知道未来一周内基于相对距离判断的前 10 个接近关系（图 18.3），可访问网站 http://celestrak. com/SOCRATES/。通常，这些接近可预测到 100m 范围内。

其实，只有当用户因特殊接近分析而点击"分析"（Analysis）按钮时（STK 基于微软因特网浏览器（MSIE）启动需要用到控件），才会发现 STK 的真正魅力。进入的页面显示两行轨道根数，用户可点击一个按钮启动 STK，然后使用其他按钮为特定接近分析需求建立场景。所有场景设置都是自动的，但场景创建后需进行检查：回顾"使用 SOCRATES 运行 STK 需要知道什么"来确保微软网络浏览器正确配置以支持运行 ActiveX（图 18.4 ~ 图 18.6）。

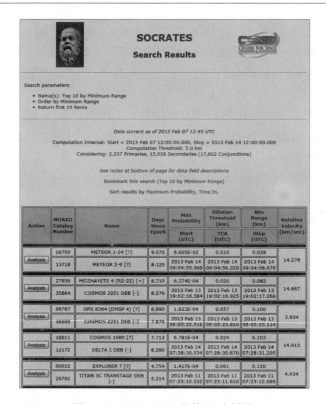

图 18.3 SOCRATES 的前 10 个结果

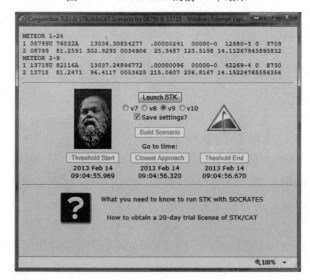

图 18.4 SOCRATES 接近分析窗口

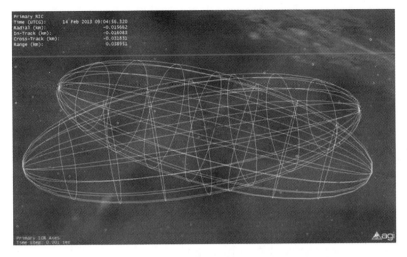

图 18.5　最接近点的 STK 三维视图

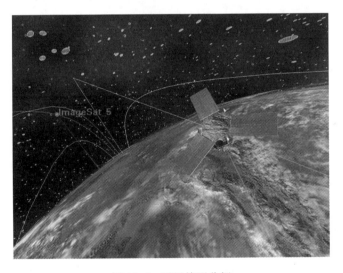

图 18.6　卫星接近分析

　　几秒钟内,用户可完成启动 STK、建立场景、相对距离阈值设置;然后,点击"运行"(Play),可从卫星视角观察具有危险性的接近关系。这种面向服务的体系结构(SOA)是 STK 最强大的一种能力:服务器为所有用户产生结果,用户进而使用感兴趣结果执行进一步分析。而且,该统一流程加快了分析速度、更加标准化地输出结果以及最大限度地减少错误。

第 19 章　非本体论工具

本章要点：

- VGT(向量几何工具)
- 三维球体管理工具
- 地形转换工具
- 计算和时间工具(仅限 STK 10 版本)

19.1　引言

STK 利用工具建立对象之间的联系,提高了 STK 对象的可视化及分析能力。建立对象之间联系的工具为本体论工具,包括访问、链路、覆盖以及通信系统等;非本体论工具直接或间接地细化 STK 对象和本体论工具所建立的关系,包括向量几何、三维球体管理和地形转换等。此外,STK 10 版本中新添加的计算和时间工具,可提升对 STK 对象的理解,便于自定义输出及控制数据。因此,时间和计算工具也被归类为非本体论工具。本章是关于非本体论工具的概述,所有这些工具将会在 STK 综合课程中涉及。

19.2　向量几何工具

向量几何工具(VGT),也称为分析工作台,通过应用或创建额外的几何性质来增强 STK 对象属性和约束特性。实际上,如果用户解构 STK 对象就会发现其由点或点质量组成。如第 1 章阐述,对象的基本形式为点、线、多边形,而这三种基本形式都是由点组成:点质量为具有向量特征的点,点也可组成线或多边形。点和点集需要参考平面和参考坐标系,邻近的点、线、向量、平面和其他坐标系统可创建角度。换句话说,VGT 允许用户为对象自定义添加坐标向量,便于指向、运动和动力学计算,使得几何分析更具动态性和深入性。VGT 可用于定制飞行器姿态、轨道平面、对象间距及接近分析。此外,用户可通过评估 STK 对象的几何中心向量得到对象参数,如火箭发射轨迹的入射角等。实际上,STK 对象默认几何属性就是基于参考点、向量、角度、坐标系和平面由 VGT 定义。总的来说,VGT 增加了用户对 STK 对象计算和可视化的理解(图 19.1,图 19.2)。

图 19.1　STK 对象的向量几何

VGT 允许用户使用默认的或自定义的几何组件,这些组件都是以角度、轴、参考坐标系、平面、点以及向量等形式存在的。为得到更好的几何分析,VGT 使用计算引擎来整合用户选择的 STK 对象或系统之间的几何运算。计算引擎通过计算几何图形关系和坐标来验证对象与对象之间参考坐标的兼容性。在寻找兼容性方面,计算引擎考虑了访问限制、传感器指向定义、姿态/星历表、可视化、报告和图表管理器等。实际上,向量几何工具也许是 STK 中最基本的和最强大的非本体工具之一。帮助文件很好地诠释了 VGT 的订制属性,建议用户使用本章和帮助文件创建一个对象所需的定制几何向量。

1. 角度

利用 VGT 角度工具,用户可定义向量、平面间的角度,包括:

- 两个向量之间角度
- 两个平面之间角度
- 两个向量相对某轴的二面角
- 坐标轴之间的最小转动角

159

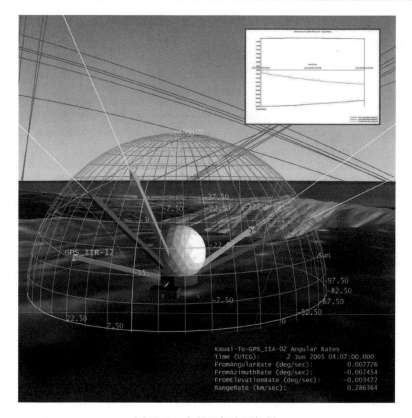

图 19.2   向量几何应用场景

- 向量与平面之间夹角

2. 轴

轴是一个由定制向量创建的几何组件,定义了处于旋转运动状态对象的参考点和形式,可利用两参考向量确定轴。轴可用来表示偏移量、B - Plane 目标、平动点、参考轨迹、旋转轴或固定轴。

3. 坐标系统

STK 定义和使用多种不同类型的坐标系统。VGT 允许用户使用预定义坐标系统或在有需要时修改坐标系统。坐标系统形式在 VGT 技术文档中有详细说明,下面列出名字以供用户快速查询。使用不同的坐标系统,会改变本体论分析结果。当重新定义坐标系统时,由于坐标系统对于很多计算需求的独特性,花一些时间查阅技术文档是很必要的。

- ICRF 坐标系

- J2000 坐标系

- 惯性坐标系
- 固定坐标系
- True Of Date 坐标系
- True Of Epoch 坐标系
- Mean Of Date 坐标系
- Mean Of Epoch 坐标系
- TEME Of Date 坐标系
- TEME Of Epoch 坐标系
- B1950 坐标系
- Alignment At Epoch 坐标系
- Mean Earth 坐标系
- Principal Axes_403 坐标系
- Principal Axes_421 坐标系
- Fixed_IAU 2003 坐标系
- Fixed_No Libration 坐标系
- J2000_Ecliptic 坐标系
- True Ecliptic Of Date 坐标系

4. 平面

几何平面由中心体或 STK 对象定义。VGT 有四种类型的平面:标准平面、象限仪、轨迹和三角平面。用户可用默认轴创建这些平面,或利用自定义默认偏移旋转轴创建更加准确的平面。

5. 点

不论是作为 STK 对象的附属点,还是平面的独立点,或欧式空间定义其他系统的附属点,点都是一个简单的几何图形。当用户了解 STK 软件的发展特性,就会认识到 STK 所有对象都是点集组成的几何图形。这些点中有一些是静态的,其他则是具有物理向量属性的点集,这些点集是 STK 对象的基本构件。因此,软件使用 VGT 创建参考点和向量点集。

基于点运动属性的不同,STK 使用的点有多种类型:固定点在特定坐标系中指定,运动点在运动向量中定义。需要说明的是,这些指定或定义都基于中心体和参考地形。此外,运动点也可从星历文件导出。

对象中点的位置是基于 STK 对象框架,以中心体的中心平面为参考。默认的中心体参考系为地球固连坐标系。在 VGT 中,点的定义包括:

- 三维 STK 对象附着点
- 由方向、目标或类型定义的 B – Plane 点

- 中心体切点
- 中心体协方差切点
- 中心体反射闪烁点
- 平面、向量的交点或原点
- 主星体或次星体的平动点
- 固定在参考坐标系的点
- 相对平面或其他点的投影点
- 作为中心体次级点或子点的表面点

6. 向量

根据标准定义,向量具有大小和方向。在 STK 环境中,向量的大小和方向在欧式空间定义。向量可被附加到任何点,或与角度、轴、其他向量、平面一起使用。

7. 自定义向量几何图形

VGT 是可被定制的组件。从组件列表看,有三种指示颜色:绿色、黄色、橙色。绿色和黄色组件可被修改或复制并应用于基础模板;橙色组件不能被修改、复制或从组件列表删除。在 STK 中有两种方法可很容易地定制向量组件:①在软件环境中,通过可视化选择组件,分配新值和父对象;②创建一个来自 VGT 组件库应用程序编程接口(API)的对象模型文件,并将其导入 STK 场景。

在 STK 的 VGT 中,创建对象有两种方法:①复制已有 VGT 组件并按需定制修改,②直接创建新对象。用户可使用 STK 对象模型或 API 定制 VGT 组件:STK 对象模型是 AGI 公司定义的 COM 组件,基于微软的 . NET 平台开发;AGI 拥有完备 API 使用的组件库,包括向量几何组件,这些组件可在定制环境中与其他 AGI 组件一起使用,或作为 STK 的插件使用。

19.3 三维球体(影像)管理

三维球体(影像)管理主要用于在三维图形窗口对三维目标的可视化进行辅助控制,管理地形数据和位图,以及微软的 Bing 图形,图像格式包括 KML、. jpeg 以及 AGI 固有格式 . pdtt 和 . pdttx。

19.4 地形转换工具

地形转换也是非本体工具,它将地形数据转换以供三维球体(影像)管理工具使用,可将其他地形数据文件格式转化为三维球体(影像)管理工具或者 STK

场景能使用的 . pdtt 或 . pdttx 格式。可转换的文件格式包括：

- STK World Terrain（HDR）
- ArcInfo Binary Grid（adf）
- ArcInfo Binary Grid － MSL Vertical Datum（adf）
- ArcInfo Grid Depth MSL
- GEODAS Grid Data（g98）
- GTOPO30 DEM（hdr）
- MOLA Terrain（LBL）
- MUSE Raster File（DTE）
- NIMA/NGA DTED Level 0（DT0）
- NIMA/NGA DTED Level 1（DT1）
- NIMA/NGA DTED Level 2（DT2）
- NIMA/NGA DTED Level 3（DT3）
- NIMA/NGA DTED Level 4（DT4）
- NIMA/NGA DTED Level 5（DT5）
- NIMA/NGA Terrain Directory（DMED）
- Tagged Image File Format（TIF）
- Tagged Image File Format － MSL（TIF）
- USGS Digital Elevation Model（DEM）

19.5　计算工具和时间工具

计算工具和时间工具都是 STK10 新增内容，这两种工具利用 STK 对象和工具的数据生成器以提高计算和报告性能。如果用户仔细回顾 STK 对象和工具，会在属性页发现其由三部分组成：几何、时间和计算属性。STK 对象和工具可在各自的属性页修改，这些修改用于自定义数据生成器。每个对象和工具的时间间隔继承于时间，而日历控制功能赋予用户定制更多能力。STK 10 发布后，体积测定工具开发也将被提上议程。

计算和时间工具使用的基本流程：①定义 STK 对象属性；②使用访问、访问组、链路、覆盖建立本体论关系；③利用 STK 引擎计算该本体论关系，进而采用计算和时间工具组织和扩展该关系。

1. 计算工具

计算工具使用 STK 对象和工具的数据生成器控制算法组件，协助用户创建更多基于已建本体论的精确化计算。此外，计算工具的使用可为 STK 对象和工具添加新组件,为高级输出创建鲁棒性更强的算法。可以这样说,这种能力允许物理计算的无限可能性,而且也允许用户调试和验证用于专业展示和分析的算法。

2. 时间轴视图工具

无需进入报告和图表,时间工具就可调整 STK 对象和工具提供的时间数据。以 STK 对象为例,时间间隔在其基本属性页定义。当 STK 对象确定且利用 STK 工具建立对象间关系后,就可使用时间工具进行分析。访问算法是大多数本体论工具的基础,其基础为有效通视性的时间间隔。一般来说,任何与时间相关的对象或工具的组件或子组件都可使用时间工具。时间工具数据生成器为用户提供控制其组件的能力,在 STK 对象和工具中,这些组件基于属性和约束定义。总的来说,时间工具可用于数据计算与展示(图 19.3)。

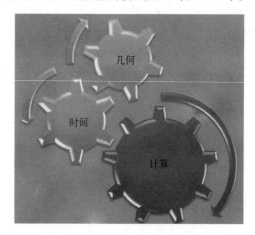

图 19.3　几何、时间与计算

第4篇

输 出 篇

第 20 章 输　　出

本章要点：

- 输出定义
- 图表和报告概述
- 数据生成器概述

20.1　STK 输出模块

输出是本体论学习的最后一部分，主要用于呈现可视化结果和进一步细化分析。对象之间相互作用的结果有报告、图表和动画等几种表现方式。无论采用哪种输出方式，都需读取来自对象和工具交互运算产生的数据生成器。像本书的其他部分一样，本章重点不是"如何创建输出"，而是"理解输出如何影响本体论学习"。

以一个简单访问为例，使用 AGI 基本培训教材中一个题为"国际空间站（ISS）在哪里？"的简单练习（用户可登录 AGI. com 网站免费获取该练习）。场景分析如下：①选定一个对象，或者说一个位于宾西法利亚州埃克斯顿（或用户指定的其他地点）拿着望远镜的人；③选定 ISS 对象；④进行访问计算并输出报告，该报告将给出埃克斯顿与 ISS 可通视的开始、结束时间以及持续时长。如果用户选择输出 AER 报告，则可得到实时的高度角、方位角以及两对象间距。

评估通视性的算法与其他算法一致，都由单元和选项组成。单元包含许多函数并自动应用 STK 数据生成器。在 STK 9. n 中，用户可在"用户图表"（Custon Graphs）访问数据生成器；在 STK 10. n 中，用户可在"计算和时间"（Calculation and Time）工具访问数据生成器。进而，用户可利用数据生成器生成个性化的图形、表格和其他形式的输出。

20.2　图表和报告

图表和报告通过静态或动态的带状图格式计算形成。通过"访问"（Access）按钮，用户可快速得到标准格式的图表或报告（图 20.1 和图 20.2），或通过修改"报告和图表管理器"（Report and Graphs Manager）得到个性化图表或报告。报告和图表用于分析工具所建立的本体论关系；访问工具具有可用于计算图表和报告的按钮，链路也有；所有参数确定后利用品质因素计算图表和报告以分析覆盖特性。

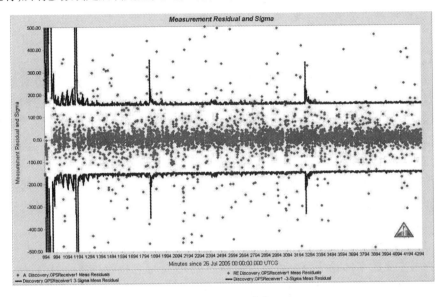

图 20.1　GPS 残余

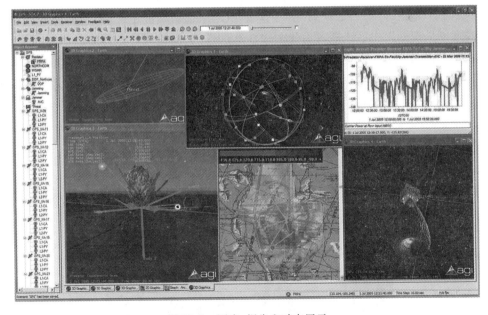

图 20.2　图表、报告和动态展示

167

20.3 数据生成器

STK 计算通过引擎实现,结果以图表、报告以及动画等形式呈现(图20.3 和图20.4)。数据生成器为用来处理输出的算法段或代码。计算处理后,用户可通过工具访问数据生成器。数据生成器是输出部分的 STK 本体论学习重点。

由于输出已经产生,数据生成器作为过滤器用来显示指定或隔离的部分对象属性,以及如何基于已建立关系进行计算。以一个通信对象为例进行说明:①选取一颗带发射器的卫星和一个带接收器的地面站作为对象,并为所有对象设置属性参数;②进行链路预算分析;③运行链路预算分析后,可访问"图形和报告管理器"查看数据生成器,进而可进一步聚焦数据报告。用户可定制图表以比较链路之间的信噪比,分析链路信噪比随时间的变化(卫星相对于地面站通视性的实时变化)。数据生成器允许用户过滤出符合条件的关系,并集中于分析该关系;当到达这种程度的分析时,场景开发的使用和时空信息系统的改善等本体论关系更加明显。

数据生成器、图表、报告以及动画,都是 STK 的输出部分,允许用户建立强大的、可重复的本体论研究。该过程梳理为:①根据概念构建场景,构建目标,利用工具构建对象之间联系;经过计算、精细化分析、细化对象和工具参数与属性,则用户可实现基于该任务建模软件的"成人视频游戏"(video games for adults)。这本书不是告诉用户"如何做"——这是 AGI 综合培训的工作,而且是免费的;这本书是帮助用户系统理解为什么软件是这样的,允许用户按照自己的分析需求做出正确选择。

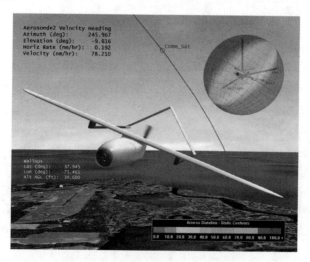

图 20.3　Wallops 岛屿以及动态展示

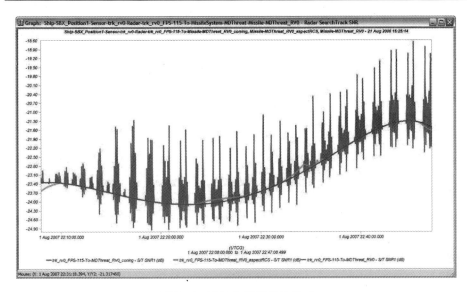

图 20.4　雷达和导弹的信号表

20.4　本体论思考的结束语

本体论是一种学习时空信息系统的方法,为用户提供系统研究自己想法的工具。一旦确定对象创建和关系机制,本体论对大多数时空信息系统都是有效的。对于 STK 来说,这类关系的机制就是可视化工具。当对象和工具得到更细化的定义时,用户可获得更有意义的对象间关系。

附　　录

附录 A　插 件 脚 本

A.1　引言

　　插件脚本提供了一种将用户特有的、非通用建模合并到 STK 计算中的方法。用户使用 MATLAB、Perl 或 VBScript 等语言编写的脚本,可在计算过程的特定时间段执行,从而将用户模型集成到 STK 框架。插件脚本为 STK 提供了一种简单易用的机制,同时大大拓展了通用算法的运用。例如,考虑国际空间站的力学建模问题:ISS 安装有大型太阳帆板阵列,入轨后通过旋转,使其始终对准太阳;由于太阳帆板指向周期改变,ISS 迎风面积就会周期性变化,从而影响所受大气阻力。正常情况下,STK/Astrogator(包括其他轨道积分器)在计算大气阻力时,假定迎风面的面积是恒定的。可变面积计算并不困难,大多数积分器不处理可变面积的原因在于无通用的可变卫星面积模型供用户选择。每颗卫星的迎风面积取决于移动面、移动面的姿态及卫星自身姿态。也就是说,每颗卫星大不相同,模型不具通用性。

　　对于不同的情况,若不重写软件,该如何定制自己的模型呢？那就是通过使用插件脚本。用户可以创建一个插件脚本,仅仅把表面积建模为时间的函数,然后利用这种新的表面积模型,通过 STK/Astrogator 来计算阻力。由于用户可以完全控制脚本,因此依据用户需求,模型可以复杂,也可以简单。轨道星历积分的其他方面(基于脚本计算的面积来计算阻力、计算其他力、数值积分运动方程、使用步长误差控制保持精度等)由 STK 自动处理,从而使用户可灵活地完成任务建模,而不需要其他配套代码的开发与测试。

　　每个插件脚本都可从一组可用变量中定制输入和输出。插件脚本的输出定义其预期的用途。例如,一个输出力学模型参数的脚本文件可以作为积分器的插件脚本,但不能作为访问约束的插件脚本。因为每个插件脚本有非常具体的任务,其可能的输出已经被设计限制了(即使如此,还是有不少选项)。脚本的输入则完全是另一回事:如果创建输出所需的输入不可用,那么在计算过程中用户创建的脚本就没有什么用处。下面描述的插件点提供了大量的可能输入:许多情况下,场景中任何对象的几乎所有星历和姿态相关的数据都可以作为输入。

　　通过提供所有必需的输入数据,利用现有的计算算法,插件脚本为在 STK

中定制模型提供了一种简单、优质、快速的解决方案。

上述 ISS 示例针对的是一个特殊的问题,插件脚本可用于其他计算(如表 A.1)以提供不同模型定制。

表 A.1　插件脚本应用

应　　用	脚本所执行的任务
Astrogator Propagator	建模附加力(如:升力)、大气密度、时变参数
Astrogator Engine Model	建模发动机推力、质量流率和比冲
Astrogator Calc Objects	建模用户特定的计算
Vector Geometry Tool Custom Vector	建模时变向量
Vector Geometry Tool Custom Axes	建模时变轴
Access Constraint	建模访问计算中用到的可视约束
Attitude Simulator	建模外部力矩和执行姿态控制律

A.2　安装

以下部分给出 MATLAB、VBScript 和 Perl 的安装说明。

A.2.1　MATLAB 用户安装

STK 插件脚本需要 MATLAB 6。要使用 MATLAB 脚本,首先必须执行 STK/MATLAB 安装。安装完成后,运行 MATLAB,并在命令提示符下运行 agiInit,然后按步骤完成安装。

　　PC 用户须知:MATLAB 可执行的 DLL 文件需位于用户的路径环境变量内;如果用户卸载了 MATLAB 先前版本,其路径信息仍会存储在路径环境变量内,旧的 DLL 仍然会在用户系统中,导致新的 MATLAB 版本可能无法访问 STK;要解决这个问题,需要手动更改路径环境变量,使其指向新的 MATLAB 。

MATLAB 调试器可用于调试由 MATLAB 自身直接调用的 MATLAB 函数,但不能调试 MATLAB 从外部调用的函数。因此,利用 MALLAB 调试器来处理 STK MATLAB 插件脚本,会导致程序中止或崩溃。

　　备注:如果从 STK 开启 MATLAB,那么关闭 MATLAB 的正确方式也是从 STK。要关闭 MATLAB,要从"Edit"打开应用程序"Preferences",即从"Preferences"菜单选项进入 MATLAB 页面,点击"Disconnect"按钮关闭 MATLAB。事实上,如果 STK 已经打开了 MATLAB,MATLAB 中的退出命令不会退出 MATLAB。MATLAB 一旦被 STK 打开,那么退出的唯一方法就是退出 STK,如上所述利用"Disconnect"按钮,或在 MATLAB 提示符下使用命令"quitforce"。

A. 2. 2　VBScript 用户安装

VBScript 由 Microsoft Windows 自动安装,免费使用,无需其他的安装步骤。

Windows 的 VBScript 功能通过文件 atl. dll 启用。要使用 STK 插件脚本,必须要有 Windows NT(或更高版本)提供的 VBScript 副本。从 Windows 98 升级成 Windows NT、2000 或 XP 的用户可能没有把文件 atl. dll 升级到正确的版本。最新的版本可以在微软的网站上免费下载:

> http://activex. microsoft. com/controls/vc/atl. cab

软件安装以后,需要注册 AgScript. dll 作为 COM 服务器。打开命令提示符,并将目录改变到包含 STK 可执行文件和动态链接库的目录。AgScript. dll 在该目录下,运行:

> regsvr32 AgScript. dll

必须要注意区分 VBScript、VB 和 VBA 的差别。有些关键字和功能在 VB/VBA 中可用,但在 VBScript 中不可用。此外,几本 VBScript 书籍详细描述了在 VBScript 中不可用(但在 VB/VBA 中可用)的关键字和功能。想要购买 VBScript 书籍的用户要特别注意这种区别。

> 备注:如果用户要使用微软免费提供的调试 VBScript 脚本的 MS Script Debugger(请参阅 http:/msdn/Microsoft. com/scripting),那么脚本中的语法错误将导致调试器在错误的地方停止运行。但在一般情况下,MS Script Debugger 不能用于调试 STK 正在调用的脚本。

A. 2. 3　Perl 用户安装

STK 插件脚本需要 Perl 5. 6. 1 版本,可免费获取。对 PC 用户来说,从 ActiveState(www. activestate. com)获取的版本可满足要求。Perl 插件脚本开发使用 ActiveState 的 Perl 版本的 Build628,兼容后续的版本。如果需要帮助可通过 support@ stk. com 联系 AGI。

请注意,如果要用 Perl 编写 STK 插件脚本,需要设置一个环境变量。如果在尝试使用 Perl 时遇到错误(会有消息提示,从@ INC 给定的变量路径中找不到文件),设置系统环境变量 AGPERL_LIB_PATH 如下:

> . ;[Perl_Install_Directory]/lib;[Perl_Install_Directory]/site/lib

其中,[Perl_Install_Directory]是 Perl 在计算机上的安装目录。当 Perl 启动时,变量 AGPERL_LIB_PATH 所在的目录(PC 用分号分隔,UNIX 用冒号分隔)将被添加到

174

路径@ INC。对于 UNIX,AGPERL_LIB_PATH 应在用户的 . cshrc 文件中设置。

正确版本的 Perl 安装后,需要从目录 < STK Home >/Connect/PERL_LIB 复制 Perl 模块 STKUtil. pm 到 Perl 的库搜索路径(即包含在@ INC 中的目录路径)。通常情况下,用户将文件复制到[Perl_Install_Directory]/lib,其中[Perl_Install_Directory]是 Perl 在计算机上的安装目录。STKUtil 模块输出用户想在脚本中使用的一些工具函数。要使用该模块,在文件顶部包含以下代码:

　　　　use STKUtil qw (printOut getInputArray);

函数 getInputArray 方便用户解译数组位置和数值自身,对处理 STK 中输入的 Perl 脚本十分有用(参见 Perl 的函数签名)。函数 printout 用于打印输出文本行,在 PC 上,它会弹出一个包含文本的消息框,用户必须自己关闭。

备注:在 PC 上,用户不能使用标准输入(stdin)、标准输出(stdout)和标准错误(stderr)打印出任何消息。取而代之的是,用户可以打印到文件或使用 printout[或使用 Win32∷MsgBox( )],以屏幕对话框的形式弹出消息。

A. 3　脚本环境

按照惯例,文件扩展名确定了要使用的语言(表 A. 2)。

表 A. 2　语言和扩展名

扩　展　名	语　　　言
. m	MATLAB
. dll	MATLAB 编译后的代码
. vbs	VBScript
. pl	Perl

插件脚本调用的函数名称取决于文件名。例如,要使用 C:\stk\user1\目录下的文件 VB_ForceModel_Eval. vbs,调用的函数名称就是 VB_ForceModel_Eval。

备注:该惯例和 MATLAB 处理用户自定义函数(即 . mfiles)的惯例相同,可以避免名称冲突,因为 MATLAB 和 VBScript 都没有 namespace 的概念。

A. 3. 1　MATLAB 环境

STK 在使用插件脚本时,只能打开一个 MATLAB 副本。所有 MATLAB 插件脚本共享工作空间环境。除非有些 MATLAB 插件脚本试图执行,STK 才会连接

MATLAB。这可能发生在启动应用程序或加载场景文件时,具体取决于正在使用的插件位置。

A. 3. 2　VB 环境

STK 在使用 VBScript 插件脚本时,只能打开一个 VBScript 引擎副本。所有 VBScript 插件脚本共享工作空间环境。除非有些 VBScript 插件脚本试图执行,STK 才会创建 VBScript 环境。这可能发生在启动应用程序或加载场景文件时,具体取决于正在使用的插件位置。

作为创建过程的一部分,某些目录下的所有 VB 脚本文件(即扩展名为.vibs 的文件)会自动加载到工作空间。用户可以添加自己的 VB 脚本文件到目录中,并且这些文件也会自动加载。这些目录是:

- < STK install folder >/STKData/Scripting/Init
- < STK user area >/Scripting/Init

其中, < STK install folder >指 STKData 父类的目录路径, < STK user area >指用户的配置目录。每个文件创建/加载成功或失败都会有消息提示。

> 备注:这种机制允许用户创建某些其他 VBScript 脚本可以使用的 VBScript 程序,这是因为 VBScript 没有内部机制加载和执行另一个脚本。

A. 3. 3　Perl 环境

STK 在使用 Perl 插件脚本时,只能打开一个 Perl 解释器副本。所有 Perl 插件脚本共享工作空间环境。除非有些 Perl 插件脚本试图执行,STK 才会创建 Perl 环境。这可能发生在启动应用程序或加载场景文件时,具体取决于正在使用的插件位置。

作为创建过程的一部分,某些目录下的所有 Perl 文件(即扩展名为.pl 的文件)会自动加载到工作空间。用户可以添加自己的 Perl 文件到目录中,并且这些文件也会自动加载。这些目录是:

- < STK install folder >/STKData/Scripting/Init
- < STK user area >/Scripting/Init

其中, < STK install folder >指 STKData 父类的目录路径, < STK user area >指用户的配置目录。每个文件创建/加载成功或失败都会有消息提示。

A. 4　函数签名

脚本函数具有相同签名,需要输入参数,并返回输出参数。在 VBScript 和

Perl 中,输入和输出参数都是数组;在 MATLAB 中,参数是 MATLAB 数据结构。

调用脚本函数至少有两个目的:

- 提供计算函数注册所需的输入和输出列表;
- 根据输入计算输出。

插件脚本的注册过程作为初始化步骤发生;如果脚本成功进行了初始化,那么它可提供所需输入,并处理计算请求。除非另一个初始化步骤执行,所需的输入和输出列表不能改变。为了提高计算效率,插件脚本的初始化过程应尽可能少地执行。有些插件脚本的初始化仅在 STK 应用程序启动时才执行(例如,某些访问约束插件点的调用);有些只有当用户请求重新初始化时,才会重新初始化(例如,向量几何工具插件点);有些每次计算过程开始时都要重新初始化(Astrogator 插件点)。

可用的输入和输出参数取决于插件点本身的 Entry Point。有些 Entry Point 没有输入和输出,但有些有很多输入和输出。参见每个插件点的每个 Entry Point 文档,列出了可用的输入和输出。

> 备注:输入和输出的单位是 STK 内部单位,大多数情况下为标准的国际单位制单位,例如,米、千克、秒等;一个例外是功率,其单位是 dBW(分贝瓦特)。注意,角度的单位是弧度。

下面给出每种语言的函数签名实例。注意,需要进行条件检查,以确定该脚本函数是返回描述符的列表,还是在输入值的基础上计算输出。

A.4.1　MATLAB 函数

例如,考虑文件 MATLAB_CalcObject_Eval. m,其内容如下:

```
function [output] = Matlab_CalcObject_Eval (input)
switch input. method
    case 'register'
        % create output here to register inputs/outputs
    case 'compute'
        computeData = input. methodData;
            % create output struct containing values for the outputs
                based on the
            % inputs in computeData
    otherwise
        output = [];
end
```

每个 MATLAB. m 文件必须遵循相同的语法。值得注意的是,输入是 MAT-

LAB 结构体,其值为字符串(调用模式)。计算时,输入从 computeData 中提取,用于计算输出。

A. 4. 1. 1　输入/输出参数注册

脚本函数要求输入和输出参数返回描述符,描述符由"keyword – value"形式的字符串组成,STK 通过解析 keyword – value 来识别参数。描述参数所需的 keyword – value 数量由该参数的复杂性决定:输入和输出越简单,所需数量越少。

> 备注:关键字字符串不区分大小写,为提高可读性,在实例和文档中可将某些字母大写。字符串值是区分大小写的,但有一些例外(例如 ArgumentType 的值 Input 和 Output 是不区分大小写的)。

每个输入或输出参数的描述符必须包含关键字 ArgumentType 和 Argument-Name。ArgumentType 的值为 Input 或 Output。ArgumentName 的值可以是任意用户指定的变量名,只要遵循有效变量名的语法即可(不允许特殊字符和空格)。当参数在脚本中引用时,ArgumentName 是其唯一标识符。

> 备注:参数描述符中 keyword – value 的顺序是任意的,但惯例是 ArgumentType 第一,以便用户快速识别哪些是输入参数、哪些是输出参数。

MATLAB 中的参数描述符以 MATLAB CellArray 的形式给出。例如,代码

```
incDescriptor = {'ArgumentType ', 'Input ',...
                'ArgumentName ', 'inc ',...
                'Name ', 'Inclination ',...
                'Type ', 'CalcObject '};
```

描述了一个 CalcObject 类型的输入参数,命名为 Inclination,其 . m 文件的名称为"inc"。当脚本在计算模式下调用时,名称"inc"将被用于提取该参数的输入值。

下面是一个注册三个参数(一个输出、两个输入)的例子:

```
case 'register '
    valueDescriptor = {'ArgumentType ', 'Output ',...
                       'ArgumentName ', 'value ',...
                       'Name ','Value '};
    incDescriptor = {'ArgumentType ', 'Input ',...
                     'ArgumentName ', 'inc ',...
                     'Name ', 'Inclination ',...
                     'Type ', 'CalcObject '};
    rightAscDescriptor = {'ArgumentType ', 'Input ',...
                          'ArgumentName ', 'rightAsc ',...
```

178

$$'Name\,',\,'RAAN,'\dots$$
$$'Type\,',\,'CalcObject\,'\}\,;$$
$$output = \{valueDescriptor,\,incDescriptor,$$
$$rightAscDescriptor\}\,;$$

A. 4. 1. 2 从输入计算输出

当脚本被计算调用时,输入和输出的处理如下:

$$case\,'compute\,'$$
$$computeData = input.\,methodData;$$
$$output.\,value = \cos(computeData.\,inc) * \cos(computeData.\,rightAsc);$$

注意 ArgumentNames 用于提取和设置数据。

备注:MATLAB 中的数组以列向量形式传递,而不是行向量。

A. 4. 2 VBScript 函数

VBScript 脚本函数总是调用一个输入数组。如果数组中的第一个参数非空,那么它是一个包含调用模式名称的字符串。当脚本函数需返回所需输入和输出数组时,调用模式设置为注册。通常,调用模式设置为 vbEmpty,表明脚本用于依据数组中给定的任意输入计算输出,当然调用模式也可设置为计算。

例如,考虑文件 VB_CalcObject_Eval. vbs,其内容如下:

```
Function VB_CalcObject_Eval (argArray)
Dim retVal
If IsEmpty(argArray(0)) Then
    'do compute
    retVal = VB_CalcObject_Eval_compute(argArray)
ElseIf argArray(0) = "register" Then
    retVal = VB_CalcObject_Eval_register()
ElseIf argArray(0) = "compute" Then
    'do compute
    retVal = VB_CalcObject_Eval_compute(argArray)
Else
    'bad call
    retVal = Empty
    End If
    VB_CalcObject_Eval = retVal
End Function
```

请注意,函数 VB_CalcObject_Eval 的注册和计算由其他 VBScript 函数处理,即 VB_CalcObject_Eval_register 和 VB_CalcObject_Eval_compute。用户可以在同一文件中定义这些函数,这种编程风格增强了脚本的可读性。

备注:VBScript 没有命名空间的概念,这就意味着,如果在 STK 会话期间调用了两个不同 VBScript 文件所定义的相同函数名,那么该函数的第一个版本将被第二个版本覆盖。显然,这种行为并不是所期望的。为了避免这种问题,强烈建议所有函数和任何全局变量均使用文件名作为前缀。这就是为什么上述 VB_CalcObject_Eval 的注册函数未简单命名为"register"(这可能会被定义了注册函数的其他文件覆盖),而是命名为"VB_CalcObject_Eval_register"(这样基本上不可能被遵循此规则的其他文件覆盖)。

当脚本执行 compute 函数时,输入数组中值的顺序与 Inputs 被注册时的顺序相同,索引 1 为第一个输入,索引 2 为第二个输入,依此类推,调用模式占用的是索引为 0 的数组元素。

A.4.2.1　输入/输出参数注册

脚本函数要求输入和输出参数返回描述符,描述符由"keyword = value"形式的字符串组成,STK 通过解析 keyword = value 来识别参数。描述参数所需的 keyword = value 数量由该参数的复杂性决定:输入和输出越简单,所需数量越少。

备注:关键字字符串不区分大小写,为提高可读性,在实例和文档中可将某些字母大写。字符串值是区分大小写的,但有一些例外(例如 ArgumentType 的值 Input 和 Output 是不区分大小写的)。

每个输入或输出参数的描述符必须包含关键字 ArgumentType 和 ArgumentName。ArgumentType 的值为 Input 或 Output。ArgumentName 的值可以是任意用户指定的变量名,只要遵循有效变量名的语法即可(不允许特殊字符和空格)。当参数在脚本中引用时,ArgumentName 是其唯一标识符。

备注:参数描述符中"keyword = value"的顺序是任意的,但惯例是 ArgumentType 第一,以便用户快速识别哪些是输入参数、哪些是输出参数。

注册过程中,必须生成并返回描述符数组。每个描述符可以是"keyword = value"字符串数组,也可以是用分号隔开"keyword = value"的字符串。示例如下:

```
Function VB_ForceModel_Eval_register ( )
    ReDim descripStr(3), argStr(4)
    descripStr(0) = " ArgumentType = Output"
    descripStr(1) = " Name = Status"
    descripStr(2) = " ArgumentName = Status"
```

180

```
argStr(0) = descripStr
Dim singleLineDescripStr
singleLineDescripStr = "ArgumentType = Output; Name = Acceleration;"
singleLineDescripStr = singleLineDescripStr &_
"RefName = LVLH; ArgumentName = accel"
argStr(1) = singleLineDescripStr
ReDim descripStr(4)
descripStr(0) = "ArgumentType = Input"
descripStr(1) = "Name = Velocity"
descripStr(2) = "RefName = Inertial"
descripStr(3) = "ArgumentName = Vel"
argStr(2) = descripStr
argStr(3) = "ArgumentType = Input; Name = DateUTC; ArgumentName = Date"
VB_ForceModel_Eval_register = argStr
```
　　End Function

A. 4. 2. 2　从输入计算输出

　　注册的顺序决定了所需数据的输入和输出数组中参数的顺序。例如,根据上面给出的注册,有两个输入。调用时,输入数组包括:

　　(1) 索引 0:调用方式,通常为 vbEmpty;

　　(2) 索引 1:速度(由三个双精度型元素构成的数组),在脚本中命名为 Vel;

　　(3) 索引 2:UTC 日期(字符串),在脚本中命名为 Date。

　　相应地,输出数组包含:

　　(1) 索引 0:状态(字符串);

　　(2) 索引 1:相对 LVLH 坐标系的加速度(由三个双精度型元素构成的数组),在脚本中命名为 accel。

　　如果下列情况出现,将导致错误的结果:

　　(1) 没有返回数组;

　　(2) 返回的输出比请求的少;

　　(3) 一个参数返回不正确的数据类型(如:期望返回双精度类型,却返回了字符串);

　　(4) 返回的数组太短(如:期望返回三个 double,却返回了两个)。

　　如果出现错误的结果,该脚本将被关闭,同时输出注释消息。

　　　备注:如果脚本函数应返回数组却返回了字符串,那么该错误将导致脚本关闭。此外,返回的字符串将出现在消息窗口中。因此,脚本有能力关闭脚本,并通过简单返回字符串指出原因。

A. 4. 2. 3　基于参数名访问数据

由于注册的先后顺序意味着输入数组和输出数组中数据的顺序,所以有必要确保参数和索引号之间的正确对应关系。因而,在当前列表的中间增加新参数,甚至只是重新排列注册函数中的描述符列表,需要对计算函数中使用的索引号进行修改。为了在一定程度上减轻这一负担,用户可以选择使用保持参数与索引号关联的辅助类。这允许用户通过名称来访问数据,在注册函数改变时,基本不需要对计算函数进行修改。

注册过程完成后,STK 额外调用一次 VBScript,创建两个类(一个为输入、一个为输出),用于通过 ArgumentName(而不是使用索引号)访问数据。这些类在首次调用进行计算时创建并存储,然后被随后的计算访问。具体通过调用函数 g_GetPlug – inArrayInterface 进行创建。举个例子,考虑函数 VB _ ForceModel _ Eval,其 compute 函数如下:

```
Function VB_ForceModel_Eval_compute( stateData)
    'This function ASSUMES that VB_ForceModel_Eval_register will set
    'VB_ForceModel_Eval_globalVar to – 1
    If VB_ForceModel_Eval_globalVar < 0 Then
        'If one were to uncomment certain statements below, then a description of
        'the Inputs and the Outputs for this function would be popped up in a
        'MsgBox and the user would need to hit 'OK '
        'Dim outStr
        Set VB_ForceModel_Eval_Inputs = _
            g_GetPlug – inArrayInterface( "VB_ForceModel_Eval_Inputs" )
        'outStr = VB_ForceModel_Eval_Inputs. Describe ( )
        'MsgBox outStr
        Set VB_ForceModel_Eval_Outputs = _
            g_GetPlug – inArrayInterface( "VB_ForceModel_Eval_Outputs" )
        'outStr = VB_ForceModel_Eval_Outputs. Describe ( )
        'MsgBox outStr
        'MAKE sure this If – Then block is executed only once
            '( unless VB_ForceModel_Eval_globalVar was reset to – 1 by
            'VB_ForceModel_Eval_register
            VB_ForceModel_Eval_globalVar = 1
    End If
    'Declare some temporary variables
    Dim factor, cbiVel, cbiSpeed, dateString
    dateString = stateData( VB_ForceModel_Eval_Inputs. Date )
```

```
          factor = 0. 000001
          cbiVel = stateData( VB_ForceModel_Eval_Inputs. Vel)
          cbiSpeed =
              sqr ( cbiVel ( 0 ) * cbiVel ( 0 ) + cbiVel ( 1 ) * cbiVel ( 1 ) + cbiVel( 2 ) *
      cbiVel ( 2 ) )
          Redim accelValue ( 3 )
          accelValue ( 0 ) = 0. 0
          accelValue ( 1 ) = factor * cbiSpeed
          accelValue ( 2 ) = 0. 0
          'Declare an array of the proper size
          Dim returnValue ( 2 )
          'Assign output values
          returnValue ( VB_ForceModel_Eval_Outputs. accel) = accelVal
          returnValue ( VB_ForceModel_Eval_Outputs. Status) = "Still Okay"
          VB_ForceModel_Eval_compute = returnValue
      End Function
```

VB_ForceModel_Eval_globalVar、VB_ForceModel_Eval_Inputs 和 VB_Force-Model_Eval_Outputs 是全局变量,必须利用 Dim 语句在函数之外声明。VB_ForceModel_Eval_register 期间,VB_ForceModel_Eval_globalVar 应设为 −1。首次调用 VB_ForceModel_Eval_compute 时,执行 If − Then 语句,创建两个类(VB_ForceModel_Eval_Inputs 和 VB_ForceModel_Eval_Outputs)。由于它们已经声明为全局变量,所以会被记住,以便计算时再次调用。

注意,使用类 VB_ForceModel_Eval_Inputs 和已注册的 ArgumentName,可从 stateData 中访问输入。类似地,使用类 VB_ForceModel_Eval_Outputs 和已注册的 ArgumentName,可将输出赋值给返回的数组。这些类在脚本中提供了一个机制,即通过名称来访问输入和输出,而不是通过索引号。当然,也可以通过匹配 ArgumentName 与索引号来实现:

名　称	索引值
VB_ForceModel_Eval_Inputs. Vel	1
VB_ForceModel_Eval_Inputs. Date	2
VB_ForceModel_Eval_Outputs. Status	0
VB_ForceModel_Eval_Outputs. accel	1

备注:索引 0 处的输入参数是调用模式。VBScript 中的矩阵作为单一数组传递,包含按顺序的矩阵行,而不是数组的数组形式。用户必须仔细处理 VBScript 弹出的所有消息框。假设使用 VBScript 函数启动一项计算,将弹出一个消息框。如果不处理这个消息,用户点击进度条的"取消"按钮停止计算,那么再次调用

VBScript 函数将会导致 STK 崩溃。使用"取消"按钮之前,一定要关闭所有弹出的消息。

A.4.3　Perl 函数

Perl 脚本函数总是调用一个输入数组。如果定义了数组中的第一个参数,那么它是一个包含调用模式名称的字符串。当脚本函数很有可能返回所需输入和输出的数组时,调用模式设置为注册。通常,调用模式设置为未定义(脚本依据数组给定的输入计算输出),当然调用模式也可设置为计算。例如,考虑文件 Perl_CalcObject_Eval. pl,包含以下内容:

```perl
sub Perl CalcObject Eval
{
        # the inputs to the script arise as a reference to an array
        # the STKUtil::getInputArray function is used to get at the
        array itself
        my @ stateData = STKUtil::getInputArray(@_);
        my @ retVal;
        if (! defined($stateData[0]))
        {
            # do compute
            @ retVal = Perl_CalcObject_Eval_compute(@ stateData);
        }
        elsif ($stateData[0] eq 'register')
        {
            @ retVal = Perl_CalcObject_Eval_register();
        }
        elsif ($stateData[0] eq 'compute')
        {
         @ retVal = Perl_CalcObject_Eval_compute(@ stateData);
        }
        else
        {
        # error: do nothing
        }
        # MUST return a reference to an array, as shown below return
        \@ retVal;
}
```

备注:要检查编译错误,采用 Perl 的惯例,即所有 Perl 脚本都以"1;"结束。

需要注意的是,函数 Perl_CalcObject_Eval 的注册和计算由其他 Perl 函数处理,即 Perl_CalcObject_Eval_register 和 Perl_CalcObject_Eval_compute。用户可以在同一文件中定义这些函数,这种编程风格增强了脚本的可读性。

备注:虽然 Perl 支持 namespace,但很多 Perl 程序员并不知道,所以在上述开发调用签名过程中并没有假定这些知识。作为使用 namespace 的另一种选择,函数和全局变量采用一种方式命名,以避免不同 Perl 文件中的命名冲突问题。例如,如果在 STK 会话期间调用了两个独立的 Perl 文件,而这两个文件恰好定义了相同的函数名,那么该函数的第一个版本将被第二个版本覆盖。很有可能,这种行为并不是所期望的。为了避免这种问题,强烈建议所有函数和任何全局变量均使用文件名作为前缀。这就是为什么上述 Perl_CalcObject_Eval 的注册函数不是简单命名为"register"(这可能会被定义了 register 函数的其他文件覆盖)而是命名为"Perl_CalcObject_Eval_register"(这样基本上不可能被遵循此规则的其他文件覆盖)。

当脚本执行 compute 函数时,输入数组@ stateData 中值的顺序与 Inputs 注册的顺序相同,索引 1 为第一个输入,索引 2 为第二个输入,依此类推,调用模式占用了数组的 0 号索引。

备注:Perl 对函数参数的处理是"一个输入参数本身就是一个数组",通过传递给数组一个索引来实现。因此,STK 调用 Perl 函数是通过从脚本中获取传给它的数组索引。由于索引并不被所有用户熟悉,所以创建了一个辅助函数 STKUtil::getInputArray,并取消了对数组自身的索引,参见如何创建@ stateData。一旦数组已知,Perl 就会以更常见的方式使用,即数组本身可作为参数和输出传递。但是,当输出到 STK 时,必须返回数组的索引(\@ retVal),而不是数组本身(@ retVal)。

A. 4. 3. 1 输入/输出参数注册

每个脚本函数都要求输入和输出的每个参数返回一个描述符。描述符由一系列"keyword = value"形式的字符串组成。STK 解析字符串来识别参数。描述一个参数所需字符串的数量由该参数的复杂性决定:输入和输出越简单,所需数量越少。如果一个参数不能识别,那么该脚本函数就无效。

备注:关键字字符串不区分大小写,为提高可读性,在实例和文档中可将某些字母大写。字符串值是区分大小写的,但有一些例外(例如 ArgumentType 的值 Input 和 Output 是不区分大小写的)。

每个输入或输出参数的描述符必须包含关键字 ArgumentType 和 ArgumentName。ArgumentType 的值为 Input 或 Output。ArgumentName 的值可以是任意用

户指定的变量名,只要遵循有效变量名的语法即可(不允许特殊字符和空格)。当参数在脚本中引用时,ArgumentName 是其唯一标识符。

备注:参数描述符中"keyword = value"的顺序是任意的,但惯例是 Argument-Type 第一,以便用户快速识别哪些是输入参数、哪些是输出参数。

注册过程中,必须生成并返回描述符数组。每个描述符可以是"keyword = value"字符串数组,也可以是用分号隔开"keyword = value"的字符串。示例如下:

```
sub Perl ForceModel Eval register
｛
  my @ argStr;
  push @ argStr,"ArgumentType = Output;Name = Status;ArgumentName = Status";
  my @ descripArray;
  push @ descripArray,"ArgumentType = Output";
  push @ descripArray,"Name = Acceleration";
  push @ descripArray,"RefName = LVLH";
  push @ descripArray,"ArgumentName = accel";
  push @ argStr,\@ descripArray;
  push @ argStr,"ArgumentType = Input;Name = Velocity;RefName = Inertial;
     ArgumentName = Vel";
  push @ argStr,"ArgumentType = Input;Name = DateUTC;ArgumentName = Date";
  return @ argStr;
｝
```

A.4.3.2　从输入计算输出

注册的顺序决定了所需数据的输入和输出数组中参数的顺序。例如,根据上面给出的注册,有两个输入。当被计算调用时,输入数组将包括三部分。

(1) 索引 0:调用方式,通常未定义;

(2) 索引 1:速度(由三个双精度型元素构成的数组),在脚本中命名为 Vel;

(3) 索引 2:UTC 日期(字符串),在脚本中命名为 Date。

相应地,输出数组包含两部分。

(1) 索引 0:状态(字符串);

(2) 索引 1:相对 LVLH 坐标系的加速度(由三个双精度型元素构成的数组),在脚本中命名为 accel。

如果下列情况出现,将导致错误的结果:

● 没有返回数组;

- 返回的输出比请求的少；
- 一个参数返回不正确的数据类型（如：期望返回双精度类型，却返回了字符串）；
- 返回的数组太短（如：期望返回 3 个 double，却返回了 2 个）。

如果出现错误的结果，该脚本将被关闭，同时输出注释消息。

　　备注：如果脚本函数应返回数组却返回了字符串，那么该错误将导致脚本关闭。此外，返回的字符串将出现在消息窗口中。因此，脚本有能力关闭脚本，并通过简单返回字符串指出原因。

A.4.3.3 基于参数名访问数据

　　由于注册的先后顺序意味着输入数组和输出数组中数据的顺序，所以有必要确保参数和索引号之间的正确对应关系。因而，在当前列表的中间增加新参数，甚至只是重新排列注册函数中的描述符列表，需要对 compute 函数中使用的索引号进行修改。为了在一定程度上减轻这一负担，用户可以选择使用保持参数与索引号关联的辅助类。这允许用户通过名称来访问数据，在注册函数改变时，基本不需要对 compute 函数进行修改。

　　注册过程完成后，STK 额外调用一次 Perl，创建两个类（一个为输入、一个为输出），用于通过 ArgumentName（而不是使用索引号）访问数据。这些类在首次调用进行计算时创建并存储，然后被随后的计算访问。具体通过散列$g_GetPlug-inArrayInterfaceHash 进行访问。例如，考虑函数 Perl_ForceModel_Eval，其 compute 函数如下：

```
sub Perl_ForceModel_Eval_compute
{
# the inputs here are in the order of the requested Inputs, as registered my @ state-
Data = @ _;
#$stateData [0] is the calling mode
# This function ASSUMES that Perl_ForceModel_Eval_register will set
# Perl_ForceModel_Eval_init to - 1
#
if ( $Perl_ForceModel_Eval_init  < 0 )
{
$Perl_ForceModel_Eval_init = 1;
# The following hashes have been created automatically after this script
# has registered its inputs and outputs.
#
```

```perl
    # Each hash contains information about the arguments for this script.
    # The hashes have been created as a user convenience,for those users wanting to know,
    #during the running of the script,what the inputs and outputs are.  In many ca-
ses,the script
    #writer doesn't care,in which case
    # this entire if - block is unneeded and can be removed.
    $Perl_ForceModel_Eval_Inputs =
        g_Plug - inArrayInterfaceHash{'Perl_ForceModel_Eval'}{'Inputs'};
    $Perl_ForceModel_Eval_Outputs =
        $g_Plug - inArrayInterfaceHash{'Perl_ForceModel_Eval'}{'Outputs'};
    # comment out the line below if you don't want to see the inputs and outputs
    # each time the script is run
    # Perl_ForceModel_Eval_showArgs ();
  }

  # continue with rest of script
  # compute the acceleration:here it is a "reverse" drag,
  # being proportional to the inertial speed
  my @ velArray = @ {$stateData[$Perl_ForceModel_Eval_Inputs -> getArgument
('Vel')]};
  my $factor = 0. 000001;
  my $cbiSpeed = sqrt( $velArray[0] *$velArray[0]
        +$velArray[1] *$velArray[1] +$velArray[2]
        *$velArray[2]);
  # accel with be the acceleration in the CbiLVLH frame
  my @ accel;
  push @ accel,0. 0;                    # x component:radial
  push @ accel,$factor *$cbiSpeed; # y - component:inTrack
  push @ accel,0. 0;                    # z - component:crossTrack
  # this defines the return array
  my @ retArray = ();
  $retArray[$Perl_ForceModel_Eval_Outputs -> getArgument('accel')] = \@ ac-
cel;
  $retArray[$Perl_ForceModel_Eval_Outputs ->getArgument('Status')] = "Okay";
  return @ returnArray;
  }
sub Perl_ForceModel_Eval_showArgs
  {
```

```
    my @ argStrArray;
    STKUtil::printout "Doing Perl_ForceModel_Eval_compute_init\n";
    @ argStrArray = ( );
    push @ argStrArray,$Perl_ForceModel_Eval_Inputs -> {'FunctionName'} ->
{'Name'}. "Inputs \n";
    # the first arg on input is the calling mode
    push @ argStrArray,"0:this is the calling mode\n";
    my @ args =$Perl_ForceModel_Eval_Inputs -> getArgumentArray ( );
    # to see description args
    my $index,$descrip;
    foreach $arg ( @ args)
    {
    ($index,$descrip) =$Perl_ForceModel_Eval_Inputs -> getArgument ( $arg);
    push @ argStrArray,"$index:$arg =$descrip\n";
    }
    STKUtil::printOut @ argStrArray;
    @ argStrArray = ( );
    push @ argStrArray,$Perl_ForceModel_Eval_Outputs ->
               {'FunctionName'} -> {'Name'}. "Outputs \n";
    my @ args =$Perl_ForceModel_Eval_Outputs -> getArgumentArray( );
    # to see description args
    my $index,$descrip;
    foreach $arg ( @ args)
    {
    ($index,$descrip) =$Perl_ForceModel_Eval_Outputs -> getArgument( $arg);
    push @ argStrArray,"$index:$arg =$descrip\n";
    }
    STKUtil::printOut @ argStrArray;
    }
```

$Perl_ForceModel_Eval_init、$Perl_ForceModel_Eval_Inputs 和$Perl_Force-Model_Eval_Outputs 是全局变量,必须在任何函数之外声明。Perl_ForceModel_Eval_register 期间,Perl_ForceModel_Eval_init 应设为 -1。首次调用 Perl_ForceModel_Eval_compute 时,执行 if - block,创建两个类(Perl_ForceModel_Eval_Inputs 和 Perl_ForceModel_Eval_Outputs)。由于它们已经声明为全局,所以会被记住,以便计算时再次调用。

注意,使用类 Perl_ForceModel_Eval_Inputs 和已注册的 ArgumentName,可从

189

stateData 中访问输入。类似地,使用类 Perl_ForceModel_Eval_Outputs 和已注册的 ArgumentName,可将输出赋值给返回的数组。这些类在脚本中提供了一个机制,即通过名称来访问输入和输出,而不是通过索引号。当然,也可以通过匹配 ArgumentName 与索引号来实现:

名　　称	索引值
$Perl_ForceModel_Eval_Inputs -> getArgument{'Vel'}	1
$Perl_ForceModel_Eval_Inputs -> getArgument{'Date'}	2
$Perl_ForceModel_Eval_Outputs -> getArgument{'Status'}	0
$Perl_ForceModel_Eval_Outputs -> getArgument{'accel'}	1

备注:索引 0 处的输入参数是调用模式。上述通过散列把参数名称转换为索引值对执行速率有很大影响:当不使用散列而直接使用索引值时,代码执行速度为 2 倍(这与 VBScript 没有执行速率变化形成强烈对比)。Perl 中的矩阵作为单一数组传递,包含有顺序的行矩阵,而不是以数组或散列的数组形式。

A. 5　Astrogator 插件点

下面描述与 Astrogator 模块相关的插件点。利用微软 COM 技术的附加插件点可用于 Astrogator 模块。这些插件点包括 HPOP Force Model、Search Profile、Engine Model 和 Attitude Controller 等。接口文档可在"STK 软件开发包→编程界面帮助→Extend STK through Plug – ins"查找。使用多种编程语言的插件实例可以在 STK 安装目录下的 CodeSamples\Extend 中找到。

A. 5. 1　自定义函数

许多 Astrogator 插件点使用自定义函数来实现。自定义函数是组件浏览器中的 Astrogator 组件,用于调用文件中定义的脚本函数。有四类自定义函数:MATLAB、VBScript、Python 和 Perl。自定义函数只有一个属性,即包含要被调用函数的文件名。每次初始化自定义函数,STK 就会检查文件的时间戳。如果文件自上次加载后被编辑,那么就会自动重新加载;否则,就没有必要也不会执行重新加载。

A. 5. 2　计算对象

计算对象可通过两种方式使用脚本:

(1) 内联函数;

（2）自定义函数。

在 Astrogator 组件浏览器中的"Calculation Object→Scripts"文件夹中可以找到。

A.5.2.1 内联函数

内联函数用于非常简单的计算（目前在组件浏览器中没有作为计算对象用），有三个属性，如表 A.3 所示。

表 A.3　内联函数的属性

属　　　性	描　　　述
CalcArgument	作为函数输入的计算对象列表
InlineFunc	利用输入计算一个双精度值的函数主体
UnitDimension	所声明的计算结果的维度

有四种类型的内联脚本函数可供选择：MATLAB、VBScript、JavaScript 和 Perl。当使用内联计算对象时，STK 会创建一个函数，利用 CalcArguments 中的输入列表，返回由 InlineFunc 计算的结果，InlineFunc 名称由计算对象名称衍生而来。例如：

CalcObject Name：Incl cos Raan

CalcArguments：　Inclination，RAAN

InlineFunc：　　Inclination * cos（RAAN）

UnitDimension：　AngleUnit

名为 CalcObject_Incl_cos_Raan 的内联函数被创建，其输入为 Inclination 和 RAAN，返回 Inclination * cos（RAAN）的值，以角度的形式体现。InlineFunc 的表达必须使用正确的脚本语言的语法，但 Perl 语法例外。

MATLAB 计算对象使用 MATLAB 内联函数定义函数：

CalcObject_Incl_cos_Raan = inline（'Inclination * cos（RAAN）','Inclination'，
'RAAN'）；

VBScript 计算对象创建函数的方式如下：

Function CalcObject_Incl_cos_Raan（Inclination，RAAN）

　Dim value

　Value = Inclination * cos（RAAN）

　CalcObject_Incl_cos_Raan = value

End Function

JavaScript 计算对象创建函数的方式如下：

```
function CalcObject_Incl_cos_Raan (Inclination,RAAN)
{
    returneval ("Inclination * cos (RAAN)");
}
```

Perl 定义函数的方式不同于 MATLAB 和 VBScript。Perl 计算对象的等效函数定义如下：

```
sub CalcObject_Incl_cos_Raan
{
    return$_[0] * cos ($_[1]);
}
```

请注意，并没有对参数 Inclination 和 RAAN 进行声明，根据参数的顺序是 RAAN 在 Inclination 之后，它们分别被$_[0]和$_[1]替换。如上所示，用户可以用恰当的 Perl 符号键入内联函数值（通过标量前缀$完成），但要负责以适当的符号$_[n]把每个参数传递给函数，其中 n 是参数的索引（Perl 中以 0 开头）。

由于很多用户可能不熟悉 Perl 语法，但仍想使用 Perl，所以 Perl 计算对象将从写入名称的 InlineFunc 中自动编写正确的 Perl 语法。因此，即使使用 Perl，用户可键入 Inclination * cos (RAAN)作为 InlineFunc。当执行此操作时，不要混合使用$Inclination * cos ($RAAN)，否则将导致语法错误。

备注：由于计算对象的名称要在所定义的函数名称中使用，所以它必须是一个有效的函数名。名称中允许有空格，因为 STK 不允许下划线（即"_"），而 MATLAB、VBScript 和 Perl 都允许函数名称有下划线。但是，"("、"*"等符号不允许。

A.5.2.2　自定义函数计算对象

基于自定义函数的计算对象用于冗长或复杂的计算。不同于内联函数，自定义函数计算对象要求用户编写脚本，存储在文件中。请参阅自定义函数的文档。

自定义函数计算对象有两个入口点可供使用。每个入口点的使用都是可选的，但如果不使用 Eval 入口点，计算对象的值将为 0.0，参见表 A.4。

表 A.4　自定义函数计算对象的入口点

入　口　点	事　　件	用　　途
Eval	在每次计算对象计算时调用	返回计算对象的计算结果
Reset	在脚本重新初始化时调用（计算前、每段运行前、生成报告前）	初始化任何变量，为 Eval 使用做准备

评估入口点具有以下可用的输入和输出,如表 A.5 所示。

表 A.5 自定义函数计算对象——入口点参数和关键字

名　　称	参 数 类 型	类　　别	附加关键字	附加关键字选项
Value	Output	—	—	—
< name >	Input	CalcObject	—	—
< name >	Input	GatorVector	RefName	< refAxes >
Epoch	Input	—	—	—
DateUTC	Input	—	—	—

表 A.5 中,< name > 表示 Astrogator 组件浏览器中给定类型的对象的名称,< refAxes > 表示 Astrogator 组件浏览器中坐标轴的名称。

Reset 入口点的输入和 Eval 入口点相同,但没有输出。

A.5.2.3 自定义发动机模型

自定义发动机模型有 5 个入口点可用,每个入口点的使用都是可选的,参见表 A.6。

表 A.6 自定义发动机模型的入口点

入 口 点	事 件	用 途
Pre – Propagation	在任何预报开始前调用	在 Update 或 Eval 脚本调用之前执行任何必要的预处理。例如加载 Eval 脚本使用的文件、打开 socket 等
Post – Propagation	在所有预报结束后调用	执行任何必要的清除操作,例如清理文件句柄、关闭 socket 等
SegmentStart	在一个新段开始时调用	执行任何必要的初始化
Update	在每个积分步长开始时调用;也在段的最后一个状态调用	以不连续的方式更新参数,确保在每个积分步长内,参数值没有不连续点。此外,以永久的方式更新参数
Eval	在每个力模型计算时调用	返回发动机推力、质流速率和可选比冲

Pre – Propagation 和 Post – Propagation 入口点没有输入/输出。但是,脚本函数签名仍然必须有一个参数。Update 入口点可用的输入/输出如表 A.7 所示。

表 A.7 自定义发动机模型——Update 入口点参数和关键字

名　　称	参 数 类 型	类　　别	附加关键字	附加关键字选项
Status	Output	—	—	—
< name >	Input	CalcObject	—	—

（续）

名　　称	参 数 类 型	类　　别	附加关键字	附加关键字选项
< name >	Input	GatorVector	RefName	< refAxes >
Status	Input	—	—	—
DateUTC	Input	—	—	—
CbName	Input	—	—	—
Epoch	Input	—	—	—
Mu	Input	—	—	—
TotalMass	Input	—	—	—
DryMass	Input	—	—	—
FuelMass	Input	—	—	—
CD	Input	—	—	—
CR	Input	—	—	—
DragArea	Input	—	—	—
Position	Input	—	RefName RefName	Inertial Fixed
Velocity	Input	—	RefName RefName	Inertial Fixed

表 A.7 中，< name > 表示 Astrogator 组件浏览器中给定类型的对象的名称，< refAxes > 表示 Astrogator 组件浏览器中坐标轴的名称。

SegmentStart 入口点与 Update 入口点有相同的输入，但没有输出。

Eval 入口点的输入/输出如表 A.8 所示。

表 A.8　自定义发动机模型——Eval 入口点参数和关键字

名　　称	参 数 类 型	类　　别	附加关键字	附加关键字选项
Status	Output	—	—	—
Thrust	Output	—	—	—
Isp	Output	—	—	—
MassFlowRate	Output	—	—	—
< name >	Input	CalcObject	—	—
< name >	Input	GatorVector	RefName	< refAxes >
Status	Input	—	—	—
DateUTC	Input	—	—	—
CbName	Input	—	—	—

（续）

名　　称	参数类型	类　　别	附加关键字	附加关键字选项
Epoch	Input	—	—	—
Mu	Input	—	—	—
TotalMass	Input	—	—	—
DryMass	Input	—	—	—
FuelMass	Input	—	—	—
CD	Input	—	—	—
CR	Input	—	—	—
DragArea	Input	—	—	—
SRPArea	Input	—	—	—
Position	Input	—	RefName RefName	Inertial Fixed
Velocity	Input	—	RefName RefName	Inertial Fixed

表 A.8 中,<name>表示 Astrogator 组件浏览器中给定类型的对象的名称,<refAxes>表示 Astrogator 组件浏览器中坐标轴的名称。

A.5.2.4　积分器

所有积分器都有 5 个入口点可用,每个入口点的使用都是可选的,参见表 A.9。

表 A.9　积分器的入口点

入　口　点	事　　件	用　　途
Pre – Propagation	在任何积分开始前调用	在 Update 或 Eval 脚本调用之前执行任何必要的预处理。例如加载 Eval 脚本使用的文件、打开 socket 等
Post – Propagation	在所有积分结束后调用	执行任何必要的清除操作,例如清理文件句柄、关闭 socket 等
SegmentStart	在一个新段开始时调用	执行任何必要的初始化
Update	在每个积分步长开始时调用;也在段的最后一个状态调用	以不连续的方式更新参数,确保在每个积分步长内,参数值没有不连续点。此外,以永久的方式更新参数,所以后续的计算(包括可适用的后续段)使用已经更新的值(除非在 Eval 中被改写)
Eval	在每个力模型计算时调用	返回附加加速度;设置在该力模型计算过程中使用的某些参数值(CD、DragArea、density 等)——参数改变不是永久的,不被记下

195

1. 输入/输出

Pre – Propagation 和 Post – Propagation 入口点没有输入/输出。但是,脚本函数签名仍然必须有一个参数。Update 入口点可用的输入/输出如表 A. 10 所示。

表 A. 10　积分器——Update 入口点参数和关键字

名　　称	参 数 类 型	类　　别	附加关键字	附加关键字选项
Status	Output	—	—	—
CD	Output	—	—	—
CR	Output	—	—	—
DragArea	Output	—	—	—
SRPArea	Output	—	—	—
DryMass	Output	—	—	—
FuelMass	Output	—	—	—
< name >	Input	CalcObject	—	—
< name >	Input	GatorVector	RefName	< refAxes >
Status	Input	—	—	—
DateUTC	Input	—	—	—
CbName	Input	—	—	—
Epoch	Input	—	—	—
Mu	Input	—	—	—
TotalMass	Input	—	—	—
DryMass	Input	—	—	—
FuelMass	Input	—	—	—
CD	Input	—	—	—
CR	Input	—	—	—
DragArea	Input	—	—	—
SRPArea	Input	—	—	—
Position	Input	—	RefName RefName	Inertial Fixed
Velocity	Input	—	RefName RefName	Inertial Fixed

表 A. 10 中, < name > 表示 Astrogator 组件浏览器中给定类型的对象的名称, < refAxes > 表示 Astrogator 组件浏览器中坐标轴的名称。

　　备注:当 CD、CR、DragArea、SRPArea、DryMass 和 FuelMass 设置为输出时,所赋

的固定值将影响 GUI 界面所呈现或 MCS Summary 所报告的卫星的物理属性。因此,Update 过程中这些参数赋值将影响力模型计算,除非被 Eval 入口点改写。此外,后续的 MCS 段也会使用这些更新的值。

SegmentStart 入口点与 Update 入口点有相同的输入,但没有输出。Eval 入口点的输入/输出如表 A. 11 所示。

表 A. 11　积分器——Eval 入口点参数和关键字

名　　称	参 数 类 型	类　　别	附加关键字	附加关键字选项
Status	Output	—	—	—
CD	Output	—	—	—
CR	Output	—	—	—
DragArea	Output	—	—	—
SRPArea	Output	—	—	—
Density	Output	—	—	—
SolarIntensity	Output	—	—	—
Acceleration	Output	—	RefName RefName RefName RefName	Inertial Fixed CbiVNC CbiLVLH
< name >	Input	CalcObject	—	—
< name >	Input	GatorVector	RefName	< refAxes >
Status	Input	—	—	—
DateUTC	Input	—	—	—
CbName	Input	—	—	—
Epoch	Input	—	—	—
Mu	Input	—	—	—
TotalMass	Input	—	—	—
DryMass	Input	—	—	—
FuelMass	Input	—	—	—
CD	Input	—	—	—
CR	Input	—	—	—
DragArea	Input	—	—	—
SRPArea	Input	—	—	—
Position	Input	—	RefName RefName	Inertial Fixed

197

（续）

名　称	参 数 类 型	类　别	附加关键字	附加关键字选项
Velocity	Input	—	RefName RefName	Inertial Fixed
Density	Input	—	—	—
SolarIntensity	Input	—	—	—
AtmTemperature	Input	—	—	—
AtmPressure	Input	—	—	—
DragAltitude	Input	—	—	—
Longitude	Input	—	—	—
Latitude	Input	—	—	—
SatToSunVector	Input	—	SunPosType	True Apparent ApparentToTrueCb

表 A.11 中，< name > 表示 Astrogator 组件浏览器中给定类型的对象的名称，< refAxes > 表示 Astrogator 组件浏览器中坐标轴的名称。

备注：当 CD、CR、DragArea、SRPArea、Density 和 SolarIntensity 设置为输出时，所赋的固定值将影响 GUI 界面所呈现或 MCS Summary 所报告的卫星的物理属性。因此，Update 过程中这些参数赋值将影响力模型计算，除非被 Eval 入口点改写。此外，后续的 MCS 段也会使用这些更新的值。

2. 参数信息

表 A.12 中，参数以名称识别，必要时以类型识别；给出每个参数的数据类型和单位。

表 A.12　入口点参数和单位

名　称	数 据 类 型	单　位
< name >（CalcObject）	Double	取决于 CalcObject
< name >（GatorVector）	Double：3	STK 内部
Acceleration	Double：3	m/s^2
AtmTemperature	Double	N/m^2
AtmPressure	Double	K
CbName	String	–
CD	Double	无量纲
CR	Double	无量纲
DateUTC	String	DDD/YYYY HH：MM：SS.ss

(续)

名　　称	数 据 类 型	单　　位
Density	Double	kg/m³
DragAltitude	Double	m
DragArea	Double	m²
DryMass	Double	kg
Epoch	Double	epoch s
FuelMass	Double	rad
Isp	Double	s
Latitude	Double	rad
Longitude	Double	rad
MassFlowRate	Double	kg/s
Mu	Double	m³/s²
Position	Double:3	m
SatToSunVector	Double:3	m
SolarIntensity	Double	无量纲
SRPArea	Double	m²
Status	String	–
Thrust	Double	N
TotalMass	Double	kg
Velocity	Double:3	m/s

表 A.12 中, <name> 表示 Astrogator 组件浏览器中给定类型的对象的名称。

3. 术语表

表 A.13 说明了定义 Astrogator 插件点入口点参数所用到的一些术语。

表 A.13　Astrogator 术语表

参　　数	定　　义
Acceleration	依据积分器力模型设置计算出的加速度增加的额外加速度
AtmPressure	如果可用,由大气模型给出的压力;否则,设为负值
AtmTemperature	如果可用,由大气模型给出的温度;否则,设为负值
CbName	作为位置和速度输入参考坐标系中心体的名称
DateUTC	历元 UTC 日期,以 DDD/YYYY HH:MM:SS.ss 的形式给出。如果脚本中需要,可以从该字符串中提取日历日期
DragAltitude	阻力模型中使用的用于计算密度的高度

（续）

参　　数	定　　义
Epoch	时间，以历元秒为单位
FuelMass	Eval 过程中积分器状态数据的一部分
Latitude	以中心体 CbName 为参考的纬度，与该历元（Epoch）位置（Position）相对应
Longitude	与该历元（Epoch）位置（Position）相对应的经度
Mu	中心体 CbName 引力参数
Position	该历元（Epoch）的位置，在关于中心体 CbName 的坐标系中表示。Eval 过程中积分器状态数据的一部分
SatToSunVector	中心体 CbName 惯性坐标系太阳的位置，用于 SRP 计算
SolarIntensity	从 Position 所观察的太阳遮挡的度量。1.0 表示没有遮挡，0.0 表示完全遮挡（本影），0.0～1.0 之间表示部分遮挡（半影）
Status	输入时设为 OK。作为输出，其值可以是 Error、Stop、Cancel，不区分大小写。如果其中一个作为输出返回，脚本将被关闭，并在消息窗口中返回消息（表明哪个字符串被找到）。这提供了关闭脚本的一种机制
TotalMass	净质量与燃料质量之和
Velocity	该历元（Epoch）的速度，在关于中心体 CbName 的坐标系中表示。Eval 过程中积分器状态数据的一部分

A.6　向量几何工具插件点

向量几何工具允许用户创建新的轴、向量、角等，其定义基于工具的其他组件。此外，它提供了两个插件点：自定义脚本向量和自定义脚本轴，用于创建使用现有向量几何工具方法不能创建的向量和轴对象。可用的输入包括向量几何工具中的任何对象和一个专门的可视输入（执行视线和视角计算）。向量几何工具对象也可以作为其他插件点的输入访问。

当从文件加载或在 STK 中创建时，自定义的向量和轴会被初始化。当文件随后被重新编辑时，其不会自动重新初始化。重新编辑后，用户必须强制脚本重新加载，通过使用 GUI，即通过选择修改自定义向量或自定义轴，并单击 Reload 按钮。

A.6.1　脚本源文件位置

要使用自定义向和自定义轴的脚本文件必须位于合适的目录下。自定义向量脚本必须位于以下目录之一：

- <STK 安装文件夹 >/STKData/Scripting/VectorTool/Vector
- <STK 用户区 >/Scripting/VectorTool/Vector
- <场景文件夹 >/Scripting/VectorTool/Vector

其中, <STK 安装文件夹 > 指 STKData 的父目录路径, <STK 用户区 > 指用户的配置目录, <场景文件夹 > 指场景目录。同样, 自定义坐标轴脚本也必须位于以下目录之一:

- <STK 安装文件夹 >/STKData/Scripting/VectorTool/Axes
- <STK 用户区 >/Scripting/VectorTool/Axes
- <场景文件夹 >/Scripting/VectorTool/Axes

运行相同版本 STK 的所有用户共享同一个 <STK 安装文件夹 > 目录, 从而共享该目录下所有的向量和轴脚本; <STK 用户区 > 下的所有向量和轴脚本, 对任何场景的用户都是可用的; 在 <场景文件夹 > 下的所有向量和轴脚本仅适用于该场景。

> 备注:不要把脚本直接放在场景文件夹下, 这样将导致脚本错误。如果用户更改场景目录(例如:通过加载一个新的场景或在新的位置保存当前场景), 那么自定义向量/轴脚本将加载在新的场景目录, 而不是原场景目录。特别是, 如果用户保存场景到新的位置, 用户必须创建相应的目录。

编辑后, 脚本文件不会自动加载, 用户必须使用 GUI 上的 Reload 按钮强制重新加载。无论何时需要对象的值(位置、指向、速度等)。

如果脚本文件被编辑, 它不会被自动加载; 用户必须使用 GUI 上的刷新按钮, 以迫使它重新加载。无论何时需要对象值时(它的位置、方向、速度等), 脚本都会被调用。

A.6.2　自定义向量

自定义向量的输出如表 A.14 所示。

表 A.14　自定义向量输出

关 键 字	参数类型	名 称	表 示
Value	Output	Vector	Double;3
Value	Output	VectorRate	Double;3

Vector 是指自定义向量关于参考坐标轴的 x、y 和 z 分量; 如果向量在参考坐标系中的导数已知, 那么脚本可以输出 VectorRate。如果不用 VectorRate, 那么该自定义向量在需要时使用数值法近似计算其导数。

A. 6. 3　自定义轴

自定义轴的输出如表 A. 15 所示。

表 A. 15　自定义向量输出

关　键　字	参数类型	名　　称	表　　示
Value	Output	Quat	Double:4
Value	Output	AngVel	Double:3

Quat 是指四元数,描述自定义轴相对于所选参考轴的指向。Quat 的前 3 个元素表示四元数的向量部分,第 4 个元素表示标量部分。如果自定义轴相对于参考坐标轴的旋转角速度已知,那么脚本也可以输出 AngVel。如果不用 AngVel,那么该自定义轴在需要时使用数值法近似计算其旋转角速度。

A. 6. 4　可用输入

向量几何工具中的所有对象都可以作为自定义脚本向量和自定义脚本轴的输入,时间是以历元秒的形式。下面给出每类输入的描述符。

1. 历元

历元(Epoch)只有一个描述符 Name,如表 A. 16 所示。

表 A. 16　历元描述符

关　键　字	含　　义
Name	Epoch

2. 向量

向量(Vector)输入类的描述符如表 A. 17 所示。Type、Name 和 RefName 都是必需的;Source、RefSource 和 Derivative 是可选的。如果 Source 没有指定,就会使用默认值。对于自定义向量和自定义轴,默认值是有自定义向量/轴的对象的 STK 路径。RefSource 也是一样。Name 和 Source 的组合唯一标识所需的向量,在计算和发送给脚本时,该向量即被分解为由 RefName 和 RefSource 指定的轴分量。如果 Derivative 没有设置或不是 Yes,那么其值就以 Double:3 的形式给出;如果 Derivative 设为 Yes,那么将计算向量及其导数,以 Double:6 的形式给出(前 3 个是向量,后 3 个是其导数)。

表 A.17 向量描述符

关 键 字	含 义
Type	Vector
Name	所需向量的名称
Source	给定 Name 的向量所在对象的 STK 路径。要引用父类或祖父类对象,使用 < MyParent > 或 < MyGrandParent >(包括开闭括号)
RefName	所需参考轴的名称
RefSource	给定 RefName 的轴所在对象的 STK 路径。要引用父类或祖父类对象,使用 < MyParent > 或 < MyGrandParent >(包括开闭括号)
Derivative	Yes/No

3. 轴

轴(Axes)输入类的描述符如表 A.18 所示。Type、Name 和 RefName 都是必需的;Source、RefSource 和 Derivative 是可选的。如果 Source 没有指定,就会使用默认值。对于自定义向量和自定义轴,默认值是有自定义向量/轴的对象的 STK 路径。RefSource 也是一样。Name 和 Source 的组合唯一标识所需的轴,轴的值是与所需轴的方位有关的四元数,其方位以 RefName 和 RefSource 指定的轴为基准。如果 Derivative 没有设置或不是 Yes,那么四元数仅以 Double:4 的形式给出;如果 Derivative 设为 Yes,那么将计算四元数和角速度,以 Double:7 的形式给出(前 4 个是四元数,后 3 个是其角速度)。角速度为弧度每秒。

表 A.18 轴描述符

关 键 字	含 义
Type	Axes
Name	所需轴的名称
Source	给定 Name 的轴所在对象的 STK 路径。要引用父类或祖父类对象,使用 < MyParent > 或 < MyGrandParent >(包括开闭括号)
RefName	所需参考轴的名称
RefSource	给定 RefName 的轴所在对象的 STK 路径。要引用父类或祖父类对象,使用 < MyParent > 或 < MyGrandParent >(包括开闭括号)
Derivative	Yes/No

4. 角

角(Angle)输入类的描述符如表 A.19 所示。Type 和 Name 是必需的;Source 和 Derivative 是可选的。如果 Source 没有指定,就会使用默认值。对于自定义向量和自定义轴,默认值是有自定义向量/轴的对象的 STK 路径。

　　Name 和 Source 的组合是所需角的唯一标识。如果 Derivative 没有设置或不是 Yes,那么角仅以 Double 的形式给出;如果 Derivative 设为 Yes,那么将计算角及其导数,以 Double:2 的形式给出。角单位是弧度,角速率单位是弧度/秒。

表 A.19　角描述符

关　键　字	含　　义
Type	Angle
Name	所需角的名称
Source	给定 Name 的角所在对象的 STK 路径
Derivative	Yes/No

5. 点

　　点(Point)输入类的描述符如表 A.20 所示。

表 A.20　点描述符

关　键　字	含　　义
Type	Point
Name	所需点的名称
Source	给定 Name 的点所在对象的 STK 路径。要引用父类或祖父类对象,使用 < MyParent > 或 < MyGrandParent >(包括开闭括号)
RefName	所需参考坐标系的名称
RefSource	给定 RefName 的参考系所在对象的 STK 路径。要引用父类或祖父类对象,使用 < MyParent > 或 < MyGrandParent >(包括开闭括号)
Derivative	Yes/No

　　Type、Name 和 RefName 都是必需的;Source、RefSource 和 Derivative 是可选的。如果 Source 没有指定,就会使用默认值。对于自定义向量和自定义轴,默认值是有自定义向量/轴的对象的 STK 路径。RefSource 也是一样。Name 和 Source 的组合唯一标识所需的点,在计算和发送给脚本时,点的位置即被分解为由 RefName 和 RefSource 指定的坐标系中的分量。如果 Derivative 没有设置或不是 Yes,那么位置仅以 Double:3 的形式给出;如果 Derivative 设为 Yes,那么将计算位置及其导数,以 Double:6 的形式给出(前 3 个是位置,后 3 个是其导数)。位置的单位是米,其导数的单位是米/秒。

6. 坐标系

　　坐标系(CrdnSystem)输入类的描述符如表 A.21 所示。

表 A. 21　坐标系描述符

关　键　字	含　义
Type	CrdnSystem
Name	所需坐标系的名称
Source	给定 Name 的坐标系所在对象的 STK 路径。要引用父类或祖父类对象,使用 < MyParent > 或 < MyGrandParent > (包括开闭括号)
RefName	所需参考坐标系的名称
RefSource	给定 RefName 的坐标系所在对象的 STK 路径。要引用父类或祖父类对象,使用 < MyParent > 或 < MyGrandParent > (包括开闭括号)
Derivative	Yes/No

　　Type、Name 和 RefName 都是必需的;Source、RefSource 和 Derivative 是可选的。如果 Source 没有指定,就会使用默认值。对于自定义向量和自定义轴,默认值是有自定义向量/轴的对象的 STK 路径。RefSource 也是一样。Name 和 Source 的组合唯一标识所需的坐标系。坐标系提供相对 RefName 和 RefSource 指定的坐标系的原点位置和轴的指向。如果 Derivative 没有设置或不是 Yes,那么脚本以 Double:7 的形式给出,前 3 个元素是位置,后 4 个元素是四元数。如果 Derivative 设为 Yes,那么脚本将以 Double:13 的形式给出,前 3 个元素是位置,其后 3 个元素是其导数,再后 4 个是四元数,最后 3 个是角速度。位置的单位是米,其导数的单位是米/秒。

7. 面

面(Plane)输入类的描述符如表 A. 22 所示。

表 A. 22　面描述符

关　键　字	含　义
Type	Plane
Name	所需面的名称
Source	给定 Name 的面所在对象的 STK 路径。要引用父类或祖父类对象,使用 < MyParent > 或 < MyGrandParent > (包括开闭括号)
RefName	所需参考轴或坐标系的名称,参见下面的 RefType
RefSource	给定 RefName 的轴或坐标系所在对象的 STK 路径。要引用父类或祖父类对象,使用 < MyParent > 或 < MyGrandParent > (包括开闭括号)
RefType	设置为 Axes 或 CrdnSystem。默认为 Axes
Derivative	Yes/No。默认为 No

　　Type、Name 和 RefName 都是必需的;Source、RefSource、RefType 和 Derivative 是可选的。如果 Source 没有指定,就会使用默认值。对于自定义向量和自定义

轴,默认值是有自定义向量/轴的对象的 STK 路径。RefSource 也是一样。Name
和 Source 的组合唯一标识所需的面,在计算和发送给脚本时,面即被分解为由
RefName、RefSource 和 RefType 指定的轴或坐标系中的分量。返回值为 RefType
和 Derivative 的四种可能的组合,如表 A.23 所示。

表 A.23　面输入类的返回值

RefType	Derivative	返 回 值
Axes	No	面的轴 1 和轴 2 被分解为 RefName 指定的轴。输出为 double:6,前 3 个为轴 1,后 3 个为轴 2
Axes	Yes	面的轴 1 和轴 2 被分解为 RefName 指定的轴。输出为 double:12,前 3 个为轴 1,其后 3 个为轴 2,再后 3 个为轴 1 的速度,最后 3 个为轴 2 的速度
CrdnSystem	No	面的轴 1 和轴 2 被分解为 RefName 指定的坐标系的轴。面的参考点位置和速度相对于相同的坐标系。输出为 double:9,前 3 个为轴 1,其后 3 个为轴 2,最后 3 个为参考点位置
CrdnSystem	Yes	面的轴 1 和轴 2 被分解为 RefName 指定的坐标系的轴。面的参考点位置和速度相对于相同的坐标系。输出为 double:18,依次为轴 1、轴 2、参考点位置、轴 1 速度、轴 2 速度和参考点速度

8. 用户信息

用户信息(UserInfo)只有一个描述符"Type",如表 A.24 所示,返回父对象,
如 Satellite/Satellite1。

表 A.24　用户信息描述符

关 键 字	含 义
Type	UserInfo

9. 可视性

可视性(Visibility)输入类的描述符如表 A.25 所示。

表 A.25　可视性描述符

关 键 字	含 义
Type	Visibility
Name	一个点的名称(Point)
Source	给定 Name 的点所在对象的 STK 路径
TargetName	一个向量的名称(Vector)
TargetSource	给定 TargetName 的向量所在对象的 STK 路径
Background	Space/CentralBody
FOV	Yes/No

Type 和 TargetName 是必需的, Name、Source、RefSource、Background 和 FOV 是可选的。如果 Name 没有指定, 就用名为"Center"的点。如果 Source 没有指定, 就用默认值。对于自定义向量和自定义轴, 默认值是有自定义向量/轴的对象的 STK 路径。TargetSource 也是一样。

该输入提供一个无量纲的双精度值, 衡量 Point 处沿 Vector 方向的可视性。如果不可视, 其值为负; 如果可视, 其值为正。如果 Vector 没有距离单位, 则计算认为从 Point 沿 Vector 方向的线无限长: 如果该线和 Source 关联的中心体相交, 则其结果为负值(不可见); 否则, 其结果为正值(可见)。

如果 Vector 有距离单位, 则只能在离 Point 的距离内计算。对这样情况, 当可视性通过指定 Background 可出现时, 用户可以进一步限制。考虑这样的情况, 从 Point 处沿 Vector 方向在 Vector 距离内目标可见: 如果 Background 设置为 Space, 那么仅当 Source 中心体不在 Vector 方向目标的后方时才是可见的; 如果 Background 设置为 CentralBody, 那么仅当 Source 中心体在目标的后方时才是可见的。

此外, 如果向量是位移向量(即必然有距离单位), 不仅要检查与 Source 关联的中心体, 而且要检查与位移向量起点和终点的源对象相关联的中心体。最后, 如果源为传感器, 用户可将 FOV 设为 Yes, 那么可视性将不仅是沿 Vector 方向衡量, 而且要在传感器的视场内(正值仍表示"具有可视性")。因为所有的复杂选项, 可视性的值不会随时间平滑变化。

A.7　姿态模拟器插件点

姿态模拟器是一个新工具, 在 STK 4.3 版本引入, 可用于卫星对象。当生成姿态轨迹时, 该工具能使用户综合自己的力矩模型(如重力梯度、空气动力等)和动量偏置, 并执行自己设计的控制律(包括静态和动态反馈、动态补偿器等)。

该工具对姿态(由四元数表示)、本体角速度分量以及其他可选变量进行数值积分。在数值积分过程中, 姿态模拟器插件脚本可以提供变量, 并通常执行自定义计算。

A.7.1　脚本源文件位置

要利用插件脚本功能, 脚本源文件必须位于合适的目录搜索路径, 在以下三个目录之一:

- < STK 安装文件夹 >/STKData/Scripting/Attitude
- < STK 用户区 >/Scripting/ Attitude

- <场景文件夹>/Scripting/ Attitude

其中,<STK 安装文件夹>指 STKData 的父目录路径,<STK 用户区>指用户的配置目录,<场景文件夹>指场景目录。

备注:不要把脚本直接放在场景文件夹下。这样将导致脚本错误。

A.7.2　输出

下面给出姿态模拟器插件点的可用输出。

1. 力矩

力矩(Torque)形式为 double:3,单位为 N·m,参见表 A.26。力矩输出用于对姿态动力学进行积分开展姿态仿真期间。姿态模拟器允许在同一个仿真中使用多种不同的插件脚本:当积分姿态动力学时,所有脚本的所有力矩输出都叠加在一起。

表 A.26　力矩描述符

关　键　字	含　义
ArgumentType	Output
Type	Parameter
Name	Torque
BasicType	Vector

2. 参数

参数(Parameter)输出用于向其他插件脚本共享当前脚本的信息,参见表 A.27。其他脚本可以请求该脚本的输出作为输入。参数可以是双精度、整数、字符串、向量(double:3)、四元数(double:4)或矩阵。如果 BasicType 是矩阵且没有指定 Size,就假定为 3×3 矩阵。其他大小可通过关键字 Size 说明,其形式为字符串,由两个整数组成,中间用空格隔开,分别表示矩阵的行数和列数。

表 A.27　参数描述符

关　键　字	含　义
ArgumentType	Output
Type	Parameter
Name	被该脚本或其他脚本访问时的参数名称
BasicType	Double, Int, String, Vector, Quat or Matrix
Size	包含行数和列数的字符串

3. 积分参数

积分参数(Integrated Parameter)是姿态模拟器增加到积分器状态中的一个参数,用于对姿态和姿态变化率进行积分,参见表 A.28。描述符实际上创建了两个可以作为输入进行访问的参数:自身(通过 Name 访问)及其积分(通过 Integral-Name 访问)。关键字 InitialCondition 是可选的:如果没有给定,就为零。MomemtumBias 是 IntegralName 的特殊值,允许用户对偏置动量设备进行内角动量积分。

表 A.28 积分参数描述符

关 键 字	含 义
ArgumentType	Output
Type	Parameter
Name	被该脚本或其他脚本访问时的参数名称
BasicType	Double, Vector or Quat
IntegralName	该参数的积分的名称
InitialCondition	包含积分参数初始值的字符串,由空格隔开

备注:名称不同的几个参数,通过指定相同的 IntegralName,都能影响相同的积分状态。此种情况下,具有相同 IntegralName 的所有参数的值将加在一起,生成导数信息。

A.7.3 输入

下面给出姿态模拟器插件点的可用输入。

1. 姿态状态

姿态状态(Attitude State)指模拟器中被积分的姿态,参见表 A.29。关键字 Derivative 是可选的(默认为 No)。如果 Derivative 为 Yes,输入为 double:7(前 4 个为四元数,后 3 个为角速度,单位为 1/s);否则,输入为 double:4(四元数)。关键字 RefName 是可选的,如果没有给定,就用飞行器中心体惯性轴。关键字 RefSource 是可选的,如果没有给定,指的就是姿态模拟器飞行器。

表 A.29 姿态状态描述符

关 键 字	含 义
ArgumentType	Input
Type	Attitude
Derivative	Yes/No
RefName	轴名称:姿态状态将转换到这些轴
RefSource	拥有 RefName 轴的对象的 STK 路径

2. 参数

参数(Parameter)用于从另一个脚本的输出参数获取当前脚本的信息,参见表 A. 30。

表 A. 30　参数描述符

关　键　字	含　义
ArgumentType	Input
Type	Parameter
Name	被该脚本或其他脚本访问时的参数名称
Source	参数名称被声明为 Output 的脚本文件名

3. 积分参数

积分参数(Integral Parameter)用于从姿态模拟器状态访问积分参数,参见表 A. 31。需要注意的是,输入的 Name 必须与某个脚本的积分参数输出的 Integral-Name 相同。

表 A. 31　积分参数描述符

关　键　字	含　义
ArgumentType	Input
Type	Integral
Name	积分参数输出的 IntegralName

4. 惯量

惯量(Inertia)为双精度 3×3 矩阵,单位 $kg \cdot m^2$,参见表 A. 32。

表 A. 32　惯量描述符

关　键　字	含　义
ArgumentType	Input
Type	Inertia
Source	被请求惯量的对象的 STK 路径

5. 质量

质量(Mass)为双精度值,单位 kg,参见表 A. 33。

表 A. 33　质量描述符

关　键　字	含　义
ArgumentType	Input
Type	Mass
Source	被请求质量的对象的 STK 路径

6. 密度

密度(Density)为双精度值,单位 kg/m³,参见表 A.34。姿态模拟器允许用户配置密度模型。

表 A.34　密度描述符

关　键　字	含　　义
ArgumentType	Input
Type	Density

A.7.4　来自向量几何工具的可用输入

向量几何工具的所有输入均可作为姿态模拟器的输入。此外,在向量几何工具中使用关键字 RelName 和 RefSource 表示轴对象的那些描述符,可以选择使用一个新的关键字 RefType。脚本可指定使用值为 Attitude 的 RefType,而不是通过指定 RelName 和 RefSource 来选择输入将要转换到的参考轴。这种指定将导致转换到使用姿态模拟器状态作为参考。

此外,如果用户使用可视性参数,比如可视性参数的来源是传感器,并且传感器安装在姿态模拟器正在计算姿态的卫星上,此时,如果用户指定关键字 RefType 的值为 Attitude,那么该传感器的姿态计算将相对于正由姿态模拟器积分得到的姿态状态信息。

A.8　访问约束插件点

STK 已经提供了大量的访问约束,用于对象之间的可视性建模。但是,新的任务方案通常涉及新的可视性要求,不能方便地利用现有访问约束进行配置。尽管这是将新的约束直接整合进 STK 软件的主要促进因素,但非一般性约束很少增加。访问约束插件脚本提供了将定制约束直接添加到可视性计算的方法。访问限制插件脚本功能是对基本约束处理的一个无缝扩展。当配置对象时,STK 利用插件脚本处理对象间的访问计算。对其余的 STK 处理,插件脚本以 Min/Max 约束的形式出现。

访问约束插件脚本处理输入(其已被要求),返回单一的结果(双精度),一步步处理每个约束。在每个要求的采样时间内,返回值提供了 FromObject 和 ToObject 之间的可视性的(连续)衡量。采样期间,该返回值被访问算法利用,用来预测和检测该值是否在为该约束设置的最小和最大值之间。可视性约束值的典型例子是 ToObject 相对于 FromObject(当然这已经是 STK 提供的一个约束)

的高度角。

> 备注:应用下面介绍的描述符,脚本可以从涉及访问计算的任一对象请求输入数据。许多关键字名称使用前缀 from 或 to 来指示应该从哪个对象获取数据。在这种语境下,from 指该插件约束已应用到的对象,to 指另一个对象;from 和 to 的关联与计算访问的方式无关。例如,如果插件约束设置在 MyFacility,那么 from 对象是 MyFacility,即使是计算从 MySatellite 到 MyFacility 的访问。

利用访问限制插件脚本有三个步骤:

(1) 脚本编写必须符合明确的调用约定。

(2) 脚本源文件必须被放在 STK 应用程序启动时搜索的特定目录路径下。

(3) 特殊对象的约束必须通过设置约束属性面板上的 Min 或 Max 值,配置为使用插件脚本。

对于某些类型的对象,前两个步骤使得约束可用。

A. 8. 1　脚本源文件位置

要利用插件脚本功能,脚本源文件必须位于合适的目录搜索路径,必须存放在下面的其中一个目录:

- < STK 安装文件夹 >/STKData/Scripting/Constraints
- < STK 用户区 >/Scripting/ Constraints

其中, < STK 安装文件夹 > 指 STKData 的父目录路径, < STK 用户区 > 指用户的配置目录。

> 备注:不要把脚本直接放在场景文件夹下。这样将导致脚本错误。

A. 8. 2　其他调用模式

对于插件脚本,除了标准的 register 和 compute 调用模式外,约束插件点还有两种附加的调用模式:GetConstraintDisplayName 和 GetAccessList。

STK 应用程序启动时,搜索 Scripting/Constraints 目录,查找插件脚本。利用 GetConstraintDisplay Name 和 GetAccessList 调用模式调用每个脚本,然后将约束注册为 STK 应用可用的约束。应用程序启动时的约束注册只发生一次:尽管编辑脚本文件会影响后续 register 和 compute 调用模式的调用,但注册后 GetConstraintDisplayName 和 GetAccessList 不再调用,在 STK 运行过程中对函数的任何编辑都没有效果。

A. 8. 2. 1　GetConstraintDisplayName

GetConstraintDisplayName 方法用于要求脚本包含约束名称的字符串(该名

称在 save/load 和 STK/Connect 的约束属性面板上使用）。它不是通过 method-Data 参数。methodData 值没有定义。参数名称包含下划线，但没空格和特殊字符。返回值中的字母区分大小写。

A. 8. 2. 2 GetAccessList

GetAccessList 方法利用包含 STK 类名（即 FromObject 的类名）的字符串 methodData 调用。该方法会返回一个包含 STK 类列表的字符串，当使用该约束时，这些类可以成为 ToObject。输出字符串是由逗号分隔的 STK 类列表，例如：

1. Satellite, Facility, GroundVehicle

返回的类名称区分大小写，必须与要执行的类名称精确匹配。对于 STK 中注册的每个类，GetAccessList 方法调用一次，每次以不同的类名作为输入。该调用为脚本提供了限定其对某些 FromObject/ToObject 类对的计算适用性（例如，如果脚本的计算假设 FromObject 和 ToObject 都固定在地球上，那么脚本可以限定其对设施和目标类的应用）。

A. 8. 3 约束属性面板

当插件脚本约束正确配置后，就会出现在约束属性里，其名称由 GetConstraintDisplayName 调用给定，用于 GetAccessList 调用给出的对象类。插件选项卡会列出所有可用于该类的插件约束。在插件选项卡中选择一个约束，并对该约束设置 Min/Max 值。单击 Change 按钮并确保离开面板之前单击 Apply。

> 备注：用户必须单击"Change"按钮才能使编辑生效，进行编辑和单击 Apply 是不够的。

A. 8. 4 输入和输出

访问约束插件点可用的输入和输出如表 A. 35 所示。

表 A. 35 访问约束插件点：输入和输出

关 键 字	参数类型	名 称	RefName
Value	Output	Status	—
Value	Output	Result	—
Value	Output	maxRelMotion	—
Value	Input	Epoch	—
Value	Input	fromObjectPath	—
Value	Input	toObjectPath	—

（续）

关　键　字	参数类型	名　　称	RefName
Value	Input	fromCbName	—
Value	Input	toCbName	—
Value	Input	range	—
Value	Input	timeDelay	—
Value	Input	fromPosition	Fixed Inertial
Value	Input	toPosition	Fixed Inertial
Value	Input	fromRelPosition	Fixed Inertial
Value	Input	toRelPosition	Fixed Inertial
Value	Input	fromVelocity	Fixed Inertial
Value	Input	toVelocity	Fixed Inertial
Value	Input	fromRelVelocity	Fixed Inertial
Value	Input	toRelVelocity	Fixed Inertial
Value	Input	fromAngularVelocity	Fixed Inertial
Value	Input	toAngularVelocity	Fixed Inertial
Value	Input	fromQuaternion	Fixed Inertial
Value	Input	toQuaternion	Fixed Inertial
Value	Input	fromCbAppSunPosition	Fixed Inertial
Value	Input	toCbAppSunPosition	Fixed Inertial

A. 8. 5　使用向量几何工具作为输入源

除了表 A. 35 中的那些描述符,来自向量几何工具的每个输入也可作为约束插件脚本的输入。要从向量几何工具获取输入,只需按照文档中给出的方式创建一个描述符,用于从该工具获取输入。此外,在创建向量几何工具描述符时,用户可以使用符号 Access/ toObj 和 Access/ fromObj 作为关键字 Source 和

RefSource 的值。例如:

> Type = Axes; Name = Body; Source = Access/toObj.

备注:当使用访问插件约束作为性能指数(Figure of Merit)的约束时,应避免使用 Access/toObj 和 Access/fromObj,这是因为对每个新的覆盖资源,在计算之前插件将不会重新初始化。相反,在任何计算之前,所有资源的插件都将初始化,使用最后的资源有效解析对象的名称。

A. 8. 6　状态输出

状态返回值支持消息和控制两类字段。前者允许脚本向 STK 显示窗口发送消息,后者允许脚本控制其在访问计算中的使用。多个字段以分号分隔。

控制段的形式如下:

> CONTROL: < controlType > ;

其中, < controlType > 可以是控制类型关键字 OK、STOP 或 ERROR 中的一个。例如:

CONTROL:Stop;

Stop 或 Error 的控制将导致指出问题所在的错误消息,插件剩余部分的运行将被关闭。每一个成功的迭代步骤返回 OK 是不必要的。当没有控制段返回时,假定插件已成功运行。

消息段的形式如下:

> MESSAGE: [< messageType >] < message > ;

其中, < messageType > 可以是消息类型关键字 ALARM、WARING 或 INFO 中的一个。Alarm 会导致弹出消息框,显示消息。 < message > 可以是由分号结束的任何特征字符串。例如:

> MESSAGE: [Alarm] My Plug – in had an unexpected error! ;

A. 8. 7　约束插件点参数信息

表 A. 36 给出了每个约束插件点参数的数据类型和单位信息,以及简短定义。

所在坐标系的观测速度从访问插件参数 fromVelocity 和 toVelocity 得到。所在坐标系的表示速度从向量几何工具得到。观测向量包含所考虑的两个坐标系的角运动,而表示向量仅有转换到新坐标系的基向量的分量。以 GEO 卫星为例,从访问插件参数得到的地心地固坐标系(CBF)下的速度接近为零。如果从向量几何工具中获取速度,仅将惯性坐标系中的速度分量转换到 CBF 坐标系。要从向量几何工具获得同样的结果,就必须明确要求 CBF 速度向量,其在对象向量列表中是单独列出的。这适用于所有的坐标系。

表示向量转换(向量几何工具):

$$\boldsymbol{v}_b = R_{b,a} \boldsymbol{v}_a$$

观测向量转换(访问参数):

$$\boldsymbol{v}_b = R_{b,a} \left[\boldsymbol{v}_a + (\boldsymbol{\omega} \times \boldsymbol{p}_a) \right]$$

表 A. 36　访问约束插件点信息

名　称	数据类型	单　位	定　义
Epoch	Double	历元秒	当前访问迭代步的 STK 历元时间
fromCbName	String	—	from 对象的中心体名称
fromAngularVelocity	Double:3	1/s	from 对象的体角速度,相对指定的参考坐标系
fromCbAppSunPosition	Double:3	m	相对 from 对象中心体质心的视太阳位置
fromObjectPath	String	—	按 STK 方式定义的 from 对象路径。作为选择,也可使用一般的关键字 Access/fromObj
fromPosition	Double:3	m	笛卡儿坐标系中 from 对象的位置
fromQuaternion	Double:4	无量纲	由四元数定义的 from 对象的姿态
fromRelPosition	Double:3	m	在 from 对象中心体笛卡儿坐标系中,to 对象相对 from 对象的相对位置
fromRelVelocity	Double:3	m/s	在 from 对象中心体笛卡儿坐标系中,to 对象相对 from 对象的相对速度
fromVelocity	Double:3	m/s	笛卡儿坐标系中 from 对象的速度(见下文)
maxRelMotion	Double	rad	对象在访问迭代步长采样(按弧度)之间应该移动的最大相对角运动。该数影响约束采样。这是一项高级特性,在大多数情况下不使用
range	Double	m	from 对象和 to 对象之间的距离
Result	Double	无量纲	约束脚本插件计算的结果,将与任何有效的最小或最大约束值进行比较
Status	String	—	被解析为消息段或控制段的状态字符串,段之间用分号隔开
timeDelay	Double	s	from 对象和 to 对象之间的时延
toAngularVelocity	Double:3	1/s	to 对象的体角速度,相对指定的参考坐标系
toCbAppSunPosition	Double:3	m	相对 to 对象中心体质心的视太阳位置
toCbName	String	—	to 对象的中心体名称

（续）

名　称	数据类型	单　位	定　义
toObjectPath	String	—	按 STK 方式定义的 to 对象路径。作为选择,也可使用一般的关键字 Access/toObj
toPosition	Double;3	m	笛卡儿坐标系中 to 对象的位置
toQuaternion	Double;4	无量纲	由四元数定义的 to 对象的姿态
toRelPosition	Double;3	m	在 to 对象中心体笛卡儿坐标系中,from 对象相对 to 对象的相对位置
toRelVelocity	Double;3	m/s	在 to 对象中心体笛卡儿坐标系中,from 对象相对 to 对象的相对速度
toVelocity	Double;3	m/s	笛卡儿坐标系中 to 对象的速度

A.9　通信插件点

下面给出与通信模块有关的插件点信息。

备注:在编写脚本时,将其保存在与其相关的 STK 场景文件夹下,这是一个很好的主意。

A.9.1　发射机模型

A.9.1.1　输入和输出

源发射机模型插件点可用的输入和输出如表 A.37 所示。

表 A.37　源发射机模型插件点:输入和输出

关　键　字	参　数　类　型	名　称
Value	Input	DateUTC
Value	Input	CbName
Value	Input	XmtrPosCBF
Value	Input	XmtrAttitude
Value	Input	RcvrPosCBF
Value	Input	RcvrAttitude
Value	Output	Frequency
Value	Output	Power
Value	Output	Gain
Value	Output	DataRate

217

（续）

关　键　字	参　数　类　型	名　　称
Value	Output	Bandwidth
Value	Output	Modulation
Value	Output	PostTransmitLoss
Value	Output	PolType
Value	Output	PolRefAxis
Value	Output	PolTiltAngle
Value	Output	PolAxialRatio
Value	Output	UseCDMASpreadGain
Value	Output	CDMAGain

A.9.1.2　参数信息

表 A.38 给出了上述每个输入和输出参数的数据类型及其可用的单位信息。表 A.39 给出了 PolType 元素的整数值与不同极化类型及其所需参数之间的相关性。

表 A.38　源发射机模型插件点信息

名　　称	数据类型	单　　位	定　　义
DataUTC	String	—	当前日期和时间
CbName	String	—	场景中心体
EpochSec	Double	s	场景仿真历元时间
XmtrPosCBF	Double：3	m	中心体固连坐标系中的发射机位置。长度为 3 的双精度向量，对应 X、Y、Z 分量
XmtrAttitude	Double：4	—	发射机的姿态四元数，长度为 4 的双精度向量
RcvrPosCBF	Double：3	m	中心体固连坐标系中，当前时间步长下与发射机相连的接收机位置。长度为 3 的双精度向量，对应 X、Y、Z 分量
RcvrAttitude	Double：4	—	当前时间步长下与发射机相连的接收机的姿态四元数，长度为 4 的双精度向量
Frequency	Double	Hz	发射机载波频率
Power	Double	dBW	最终输出功率
Gain	Double	dBi	天线辐射增益
DataRate	Double	bits/s	信息比特率
Bandwidth	Double	Hz	RF 频谱带宽

（续）

名　称	数据类型	单　位	定　义
Modulation	String	—	发射机的调制类型，必须是 STK 注册的调制类型之一。但是，用户可以添加自己的调制类型，STK 将对其注册（参见通信模块的在线帮助）
PostTransmitLoss	double	dB	发射后损耗集，比如天线蝶形耦合或天线屏蔽损失等
PolType	Integer	—	极化类型（见下表）
PolRefAxis	Integer	—	用于校正发射机极化到接收机极化的极化参考轴，0、1、2 分别代表 X、Y、Z 轴
PolTiltAngle	Double	(°)	从参考轴起算的极化倾斜角
PolAxialRatio	Real	—	极化轴比率
UseCDMASpreadGain	Boolean	—	指示是否使用带宽传播增益的标志符（0 或 1）
CDMAGain	Double	dB	CDMA 编码增益

表 A.39　PolType 值和极化类型

值	极化类型	所需参数
0	None	None
1	Linear	参考轴
2	Right Hand Circular	None
3	Left Hand Circular	None
4	Vertical	参考轴、倾斜角
5	Horization	参考轴、倾斜角
6	Elliptical	参考轴、倾斜角、轴比率

A.9.2　接收机模型

A.9.2.1　输入和输出

接收机模型插件点可用的输入和输出如表 A.40 所示。

表 A.40　接收机模型插件点：输入和输出

关　键　字	参 数 类 型	名　称
Value	Input	DateUTC
Value	Input	CbName
Value	Input	XmtrPosCBF
Value	Input	XmtrAttitude

219

（续）

关　键　字	参　数　类　型	名　　称
Value	Input	RcvrPosCBF
Value	Input	RcvrAttitude
Value	Output	Frequency
Value	Output	Bandwidth
Value	Output	Gain
Value	Output	PreReceiveLoss
Value	Output	PreDemodLoss
Value	Output	UseRainModel
Value	Output	RainOutagePercent
Value	Output	PolType
Value	Output	PolRefAxis
Value	Output	PolTiltAngle
Value	Output	PolAxialRatio
Value	Output	ReceiverNoiseFigure
Value	Output	CableLoss
Value	Output	CableNoiseTemp
Value	Output	AntennaNoiseTemp

A. 9. 2. 2　参数信息

表 A. 41 给出了上述每个输入和输出参数的数据类型及其可用的单位信息。

表 A. 41　接收机模型插件点信息

名　　称	数 据 类 型	单　位	定　　义
DataUTC	String	—	当前日期和时间
CbName	String	—	场景中心体
EpochSec	Double	s	场景仿真历元时间
XmtrPosCBF	Double:3	m	中心体固连坐标系中,当前类型步长下与接收机相连的发射位置。长度为 3 的双精度向量,对应 X、Y、Z 分量
XmtrAttitude	Double:4	—	当前类型步长下与接收机相连的发射机的姿态四元数,长度为 4 的双精度向量
RcvrPosCBF	Double:3	m	中心体固连坐标系中的接收机位置。长度为 3 的双精度向量,对应 X、Y、Z 分量
RcvrAttitude	Double:4		接收机的姿态四元数,长度为 4 的双精度向量
Frequency	Double	Hz	发射机载波频率

220

（续）

名　称	数据类型	单　位	定　义
Bandwidth	Double	Hz	RF 频谱带宽
Gain	Double	dBi	天线辐射增益
PreReceiveLoss	Double	dB	接收前损耗集
PreDemodLoss	Double	dB	解调前损耗集
UseRainModel	Boolean	—	指示降雨模型是否使用的标志符(0 或 1)
RainOutagePercent	double	—	链路可以承受的使用百分比
PolType	Integer	—	极化类型(参见表 A.39)
PolRefAxis	Integer	—	用于校正发射机极化到接收机极化的极化参考轴,0、1、2 分别代表 X、Y、Z 轴
PolTiltAngle	Double	deg	从参考轴起算的极化倾斜角
PolAxialRatio	Real	—	极化轴比率
ReceiverNoiseFigure	Double	dB	接收机放大器前的噪声指数
CableLoss	Double	dB	电缆损耗
CableNoiseTemp	Double	°K 或 K	电缆温度
AntennaNoiseTemp	Double	°K 或 K	接收机天线噪声温度

A.9.3　自定义天线增益

A.9.3.1　输入和输出

自定义天线增益插件点可用的输入和输出如表 A.42 所示。

表 A.42　自定义天线增益插件点:输入和输出

关　键　字	参数类型	名　称
Value	Input	EpochSec
Value	Input	DateUTC
Value	Input	CbName
Value	Intput	Frequency
Value	Input	AntennaPosLLA
Value	Input	AzimuthAngle
Value	Intput	ElevationAngle
Value	Output	AntennaGain
Value	Output	AntennaMaxGain
Value	Output	Beamwidth
Value	Output	IntegratedGain
Value	Output	DynamicGain

A. 9. 3. 2　参数信息

表 A. 43 给出了上述每个输入和输出参数的数据类型及其可用的单位信息。

表 A. 43　自定义天线增益插件点信息

名　　称	数据类型	单　位	定　　义
EpochSec	Double	s	场景仿真历元时间
DataUTC	String	—	当前日期和时间
CbName	String	—	场景中心体
Frequency	Double	Hz	期望的天线增益频率
AntennaPosLLA	Double：3	deg,deg,m	长度为 3 的双精度向量,表示地表之上天线的纬度、经度和高度
AzimuthAngle	Double	rad	在 STK 使用的天线直角坐标系中,从天线视轴起算的方位角
ElevationAngle	Double	rad	在 STK 使用的天线直角坐标系中,从天线视轴起算的高度角。与方位角一起表示期望增益的通信连接方向
AntennaGain	Double	dBi	由天线视轴方位角和高低角指定的方向天线增益
AntennaMaxGain	Double	dBi	天线束的最大增益,在视轴方向上
Beamwidth	Double	rad	天线增益模式的 3dB 束宽
IntegratedGain	Double	—	对噪声源的天线积分增益,其值目前通过 STK 应用内部数值方法估算。是否允许用户指定值,请查看所用 STK 版本的在线帮助
DynamicGain	Double	—	指示插件是否基于时间或者另外包含动态数据的标志符(0 或 1,默认为 0),如果为 1,STK 必须要重新计算必要的数据

A. 9. 4　吸收损耗模型

A. 9. 4. 1　输入和输出

吸收损耗模型插件点可用的输入和输出如表 A. 44 所示。

表 A. 44　吸收损耗模型插件点：输入和输出

关　键　字	参数类型	名　　称
Value	Input	EpochSec
Value	Input	DateUTC
Value	Input	CbName

(续)

关 键 字	参 数 类 型	名　　称
Value	Intput	Frequency
Value	Input	XmtrPosCBF
Value	Input	RcvrPosCBF
Value	Intput	XmtrPath
Value	Input	RcvrPath
Value	Output	AbsorpLoss
Value	Output	NoiseTemp

A.9.4.2　参数信息

表 A.45 给出了上述每个输入和输出参数的数据类型及其可用的单位信息。

表 A.45　吸收损耗模型插件点信息

名　　称	数据类型	单　位	定　　义
EpochSec	Double	s	场景仿真历元时间
DateUTC	String	—	当前日期和时间
CbName	String	—	场景中心体
Frequency	Double	Hz	当前时刻的通信链路频率,在该频率上,执行链路预算分析。这也是接收机的多普勒频移频率,利用该频率计算计算传播损耗和噪声温度,进而计算其 G/T
XmtrPosCBF	Double:3	m	中心体固连坐标系中的发射机位置。长度为3的双精度向量,对应 X、Y、Z 分量
RcvrPosCBF	Double:3	m	中心体固连坐标系中的接收机位置。长度为3的双精度向量,对应 X、Y、Z 分量
XmtrPath	String	—	表示当前发射机对象的完整场景路径的字符串
RcvrPath	String	—	表示当前接收机对象的完整场景路径的字符串
AbsorpLoss	Double	dB	吸收损耗
NoiseTemp	Double	K	与吸收损耗相关的噪声温度,用于 STK 计算天线噪声温度和接收机 G/T

A.9.5　雨衰模型

A.9.5.1　输入和输出

降雨衰减模型插件点可用的输入和输出如表 A.46 所示。

表 A.46　降雨衰减模型插件点：输入 & 输出

关　键　字	参 数 类 型	名　　　称
Value	Input	EpochSec
Value	Input	DateUTC
Value	Input	CbName
Value	Intput	Frequency
Value	Input	ElevAngle
Value	Input	Outage Percentage
Value	Intput	RcvrPosLLA
Value	Input	XmtrPosLLA
Value	Output	RainLoss
Value	Output	RainNoiseTemp

A.9.5.2　参数信息

表 A.47 给出了上述每个输入和输出参数的数据类型及其可用的单位信息。

表 A.47　降雨衰减模型插件点信息

名　　　称	数据类型	单　位	定　　义
EpochSec	Double	s	场景仿真历元时间
DateUTC	String	—	当前日期和时间
CbName	String	—	场景中心体
Frequency	Double	Hz	当前时刻的通信链路频率,在该频率上,执行链路预算分析。这也是接收机的多普勒频移频率,利用该频率计算计算传播损耗和噪声温度,进而计算其 G/T
ElevAngle	Double	m	从接收机到发射机的通信链路路径高度角
OutagePercentage	Double;3	m	通信链路可以容许的使用时间百分比
RcvrPosLLA	String	—	长度为 3 的双精度向量,表示地表之上接收机的纬度、经度和高度
XmtrPosLLA	String	—	长度为 3 的双精度向量,表示地表之上发射机的纬度、经度和高度
RainLoss	Double	dB	由降雨导致的损耗
RainNoiseTemp	Double	°K或K	与降雨损耗相关的噪声温度

A.9.6 多波束天线选择策略

A.9.6.1 输入和输出

多波束天线选择策略插件点可用的输入和输出如表 A.48 所示。

表 A.48 多波束天线选择插件点:输入 & 输出

关 键 字	参 数 类 型	名 称
Value	Input	EpochSec
Value	Input	DateUTC
Value	Input	CbName
Value	Intput	AntennaPosLLA
Value	Input	BeamIDsArray
Value	Input	NumberOfBeams
Value	Intput	Frequency
Value	Input	Power
Value	Input	IsActive
Value	Output	BeamNumber

A.9.6.2 参数信息

表 A.49 给出了上述每个输入和输出参数的数据类型及其可用的单位信息。

表 A.49 多波束天线选择策略插件点信息

名 称	数据类型	单 位	定 义
EpochSec	Double	s	场景仿真历元时间
DateUTC	String	—	当前日期和时间
CbName	String	—	场景中心体
AntennaPosLLA	Double:3	°,°,m	长度为 3 的双精度向量,表示地表之上天线的纬度、经度和高度
BeamIDsArray	Char	—	二维特征数组,其宽度(列数)固定为 64,长度(行数)等于多波束天线中可用。波束的数量。该数组可通过脚本进行解析,获取波束的 ID。特征数组的每行包含一个波束的 BeamID
NumberOfBeams	Integer	—	每一时刻多波束天线中可用的波束的总数量。这也表示包含波束特征信息(比如 ID、频率、功率等)的数组的长度
Frequency	Double	Hz	包括每个波束频率信息的实值数组,其长度等于 NumberOfBeams

（续）

名　　称	数据类型	单　位	定　义
Power	Double	dBW	用于安装在发射机上的多波束天线,包含每个波束功率值的另一个数组。接收机天线的波束功率数组,其元素全部为0
IsActive	Integer	—	整型数组,指示多波束模型中的每个波束是否活动,1代表活动,0代表不活动
BeamNumber	Integer	—	波束的序列号,其范围为 $0 \sim 1-n$,其中 $n=$ NumberOfBeams,用于链路计算

A.9.7　通信系统连接选择策略

A.9.7.1　输入和输出

通信系统连接选择策略插件点可用的输入和输出如表 A.50 所示。

表 A.50　通信系统连接选择策略插件点:输入 & 输出

关　键　字	参数类型	名　　称
Value	Input	DateUTC
Value	Input	EpochSec
Value	Input	CbName
Value	Intput	CommSysPath
Value	Input	FromIndex
Value	Input	NumberOfFromObjects
Value	Intput	FromObjectsIDArray
Value	Input	FromObjectIsStatic
Value	Input	FromObjectPosCBFArray
Value	Input	FromObjectPosLLAArray
Value	Input	FromToRelPosArray
Value	Input	FromObjectAttitudeArray
Value	Intput	ToIndex
Value	Input	NumberOfToObjects
Value	Input	ToObjectsIDArray
Value	Intput	ToObjectIsStatic
Value	Input	ToObjectPosCBFArray
Value	Input	ToObjectPosLLAArray
Value	Input	ToFromRelPosArray
Value	Input	ToObjectAttitudeArray
Value	Output	SatSelMetritValue

A.9.7.2 参数信息

表 A.51 给出了上述每个输入和输出参数的数据类型及其可用的单位信息。

表 A.51 通信系统连接选择策略插件点信息

名　　称	数据类型	单　位	定　　义
DateUTC	String	—	当前日期和时间
EpochSec	Double	s	场景仿真历元时间
CbName	String	—	场景中心体
CommSysPath	String	—	场景中通信系统的完整路径和名称,其定义了干扰环境,并包含链路选择策略
FromIndex	Integer	—	发射机在当前正在作为连接对象使用的发射机数组中的索引号,从0开始
NumberOfFromObjects	Integer	—	传给脚本的发射机数组中的发射机总量
FromObjectsIDArray	Char	—	由发射机在包含所有发射机信息的数组中的ID构成的数组
FromObjectIsStatic	Boolean	—	指示发射机对象是否静态(即其位置和姿态均在地球上固定)的标识符
FromObjectPosCBFArray	Double:3	m	由CBF笛卡儿坐标系中发射机的位置构成的数组,每个元素代表一个发射机的位置
FromObjectPosLLAArray	Double:3	°,°,m	由以纬度、经度和高度表示的发射机位置构成的数组,每个元素代表一个发射机的位置
FromToRelPosArray	Double:3	m	由发射机相对当前接收机对象在笛卡儿坐标系中的相对位置构成的数组
FromObjectAttitudeArray	Double:4	—	发射机的姿态四元数(长度为4的向量)数组
ToIndex	Integer	—	接收机在当前正在作为连接对象使用的接收机数组中的索引号,从0开始
NumberOfToObjects	Integer	—	传给脚本的接收机数组中的接收机总量
ToObjectsIDArray	Char	—	由接收机在包含所有接收机信息的数组中的ID构成的数组
ToObjectIsStatic	Boolean	—	指示接收机对象是否静态(即其位置和姿态均在地球上固定)的标识符
ToObjectPosCBFArray	Double:3	m	由CBF笛卡儿坐标系中接收机的位置构成的数组,每个元素代表一个接收机的位置
ToObjectPosLLAArray	Double:3	°,°,m	由以纬度、经度和高度表示的接收机位置构成的数组,每个元素代表一个接收机的位置
ToFromRelPosArray	Double:3	m	由接收机相对当前发射机对象在笛卡儿坐标系中的相对位置构成的数组
ToObjectAttitudeArray	Double:4	—	接收机的姿态四元数(长度为4的向量)数组
SatSelMetritValue	TBD	—	对正在分析的链路所赋的相对指标值,其范围没有限制

　　脚本中使用发射机和接收机数组中表示位置的索引值来确定每个发射机 - 接收机链路。有关所有发射机和接收机属性的属性的信息,以数组形式传递给脚本。在每一时刻,每个可用的发射机 - 接收机链路都会调用脚本。预期输出是这些链路相对尺度的等级次序,然后 STK 开始使用最高等级的链路。

A.9.8　通信约束

　　下面给出的插件信息是关于应用通信链路预算标准的,用来判断访问是否存在。

A.9.8.1　输入和输出

　　通信约束插件点可用的输入和输出如表 A.52 所示。

表 A.52　通信约束插件点:输入和输出

关　键　字	参 数 类 型	名　　称
Value	Input	Date
Value	Input	DateUTC
Value	Input	EpochSec
Value	Input	CbName
Value	Intput	ReceiverPath
Value	Input	TransmitterPath
Value	Input	RcvrPosCBF
Value	Intput	RcvrAttitude
Value	Input	XmtrPosCBF
Value	Input	XmtrAttitude
Value	Input	ReceivedFrequency
Value	Input	DataRate
Value	Input	Bandwidth
Value	Intput	CDMAGainValue
Value	Input	ReceiverGain
Value	Input	PolEfficiency
Value	Input	PolRelativeAngle
Value	Intput	RIP
Value	Input	FluxDensity
Value	Input	GOverT
Value	Input	CarrierPower

（续）

关 键 字	参 数 类 型	名 称
Value	Input	BandwidthOverlap
Value	Input	Cno
Value	Input	CNR
Value	Input	EbNo
Value	Input	BER
Value	Output	Plug – inConstraintValue

A.9.8.2 参数信息

表 A.53 给出了上述每个输入和输出参数的数据类型及其可用的单位信息。

表 A.53 通信约束插件点信息

名 称	数据类型	单 位	定 义
DateUTC	String	—	当前日期和时间
EpochSec	Double	s	场景仿真历元时间
CbName	String	—	场景中心体
ReceiverPath	String	—	表示当前接收机对象的完整场景路径的字符串
TransmitterPath	String	—	表示当前发射机对象的完整场景路径的字符串
RcvrPosCBF	Double:3	m	中心体固连坐标系中的接收机位置。长度为3的双精度向量，对应 X、Y、Z 分量
RcvrAttitude	Double:4	—	接收机的姿态四元数，长度为4的双精度向量
XmtrPosCBF	Double:3	m	中心体固连坐标系中的发射机位置。长度为3的双精度向量，对应 X、Y、Z 分量
XmtrAttitude	Double:4	—	发射机的姿态四元数，长度为4的双精度向量
ReceivedFrequency	Double	Hz	接收机得到的信号频率，其值包含了任何多普勒频移
DataRate	Double	Bits/s	信息比特率
Bandwidth	Double	Hz	RF 频谱带宽
CDMAGainValue	Double	dB	CDMA 编码增益值
ReceiverGain	Double	dB	发射机方向的天线增益
PolEfficiency	Double	—	极化效率，表征由于接收机和发射机参考轴未对准而导致的极化错配损失
PolRelativeAngle	Double	rad	极化相对角，即接收机极化参考轴和发射机极化参考轴之间的相对角。该角的计算要考虑所有天线父对象的姿态、传感器（即使要）的指向、天线相对于发射机或接收机体轴的指向

229

（续）

名　　称	数据类型	单　　位	定　　义
RIP	Double	dB(W/m^2)	接收机天线的同向接收功率
FluxDensity	Double	dB(W/m^{2}Hz)	接收机天线的功率通量密度
GOverT	Double	dB/K	接收机增益对等效噪声温度比
CarrierPower	Double	dBW	接收机输入的载波功率,该功率是在接收机 LNA 输入上接收到的功率,考虑了预接收损耗、天线增益和电缆损耗等
BandwidthOverlap	Double	—	0~1 之间的分数,表示发射信号和接收带宽之间的重叠量。接收机的接收功率等于发射的有效全向辐射功率(ERIP)乘以带宽重叠量,并考虑任何传播损耗
Cno	Double	dB	接收机输入的载波噪声密度
CNR	Double	dB	接收机输入的载波噪声比
EbNo	Double	dB	接收机的信噪比
BER	Double	—	误码率
Plug – inConstraintValue	Double	—	所计算的约束值,与指定的 Min 和 Max 值比较,决定访问是否存在

A. 10　故障排除

A. 10. 1　语法错误

到目前为止,脚本使用最常见的问题是与语法错误相关的脚本编译问题。尽管 STK 试图报告它发现的错误,但脚本自身的错误诊断难得多,这是由于这些错误本质上不是在 STK 中会现,而是在脚本语言处理中出现。通常情况下,语言会检测到错误,但不会将问题的原因返回到 STK。

强烈建议用户在使用 STK 插件脚本之前,检查脚本的语法和编译错误。

A. 10. 2　检查 MATLAB 脚本

要检查 MATLAB. m 文件,用户需要在 MATLAB 中,以 register 和 compute 两种模式运行脚本。对每种情况,用户都需要创建正确的输入结构。

A. 10. 3　检查 VBScript 脚本

要检查 VBScript 脚本,只需要在 Explorer 浏览器中双击即可,任何编译错误都将在弹出窗口中报告。如果没有检测到错误,就没有提示出现,用户可以认为没有编译问题。

在运行时仍可能会遇到问题,Microsoft 脚本调试器可用于诊断这些问题。

A. 10. 4 检查 Perl 脚本

要检查 Perl 脚本,打开命令提示符,与通常的做法一样,运行 Perl 脚本。编译错误将出现在窗口中。

A. 10. 5 检查输入 & 输出的正确注册

VBScript 和 Perl 都提供了打印输入 & 输出列表及其表示的机制,在脚本开发期间可使用。只要脚本显示工作正常,只需注释出打印这些信息的命令行即可。

A. 10. 6 检查有效值

要检查有效值,只需要在 compute 调用期间经常将其打印出来即可,既可以将其保存到文件中,也可以弹出包含数值的面板。强烈建议用户不要每次调用 compute 都弹出面板,这是因为对 compute 的调用可能会有成千上万次,用户需要关闭每次调用的面板。

在 PC 上的 MATLAB 中,用户可以用另一种方式访问变量,在 . m 文件中将某些变量声明为全局变量,并将其在工作区(即在输入提示中)中声明为全局变量。于是,运行后,用户就可以打印这些变量来检查它们是否正确。

对于 VBScript,可将信息数据直接输出到 Microsoft Excel 中,比将数据保存到文件中更容易。

A. 10. 7 使用 STK/Connect

用户不能在插件脚本中使用 STK/Connect 命令,这会导致软件的无限循环。

A. 10. 8 MATLAB 高级问题

A. 10. 8. 1 文件位置

MATLAB 应用程序存放的文件通过分层路径搜索执行。每次场景加载或创建,搜索路径均会自动更新。但是,如果文件已在文件系统中,路径仅增加 MATLAB 搜索层次。例如,如果要创建一个需要使用 MATLAB 插件的新场景,以下步骤是必需的:

(1)创建场景,并完成除插件外的一切配置。

（2）保存并关闭该场景。

（3）创建场景目录的相应子目录。

（4）将 . m 文件放到相应子目录下。

（5）加载场景,配置插件。

作为选择,可在 STK 启动之前,将插件放置在用户配置区域。在这种情况下,这些插件对每个场景立即可用。

A. 10. 8. 2　编辑 STK 使用的 MATLAB 文件

当 MATLAB 文件要在 STK 中使用时,编辑时必须要小心。例如,向量几何工具自定义轴和向量必须重新加载才能使更改生效。通常,与 STK 相关的信息只能通过 MATLAB 工作区清除。这就意味着,如果 MATLAB 插件文件使用其他 MATLAB 文件,那么对那些文件的更改将不会生效,除非用户手动从从 MATLAB 工作区清除它们。这可以通过在 STK 打开的 MATLAB 命令窗口中执行清除 functionName 来完成。

A. 10. 8. 3　Unix 上的 MATLAB 插件

在 Unix 系统上,MATLAB 将在后台启动,没有 GUI 或命令提示符可用。要在 Unix 上编译 MATLAB 插件脚本,需要使用文件存储信息数据。

附录 B 光时延和视位置

B.1 引言

对象 B 相对对象 A 的相对位置有多种计算方法,具体取决于这两个对象之间的信号传输模型。当不考虑光时延时,可认为光速是无限的,发射事件与接收事件之间没有时间差异。忽略光时延的量值,通常被称为"真值";例如,B 相对于 A 的真实的相对位置可计算如下:

$$r(t) = R_\text{B}(t) - R_\text{A}(t) \tag{B1}$$

术语"视"(Apparent)在相对位置向量在某种程度上考虑光时延时使用。在有限光速情况下,视位置模拟信号传输,t 时刻发射的信号,直到 $t + \Delta t$ 时刻才能接收到,其中 Δt 为光时延(正数)。

光传播模型有很多,但我们只需要关注三个运动学模型:①伽利略相对论;②狭义相对论;③广义相对论。

伽利略相对论是迄今为止最广为人知的模型,空间概念完全独立于时间概念。利用线性空间的标准向量运算,将空间建模为欧氏空间,时间是已知的绝对量。狭义相对论中的光传播模型是所有惯性观察者测量的光速(真空)相同的常值 c。空间不再独立于时间,时空不是欧氏空间而是 Minkowski 空间。曾经简单的概念现在变得非常复杂:不同的惯性观察者对事件的同时性、对象间的距离、以及时间演化的快速性的看法不一致。但是,光在空间中仍是直线传播的。广义相对论更进了一步,除去了惯性观察者的特定情形,引入质量产生时空本身的曲率。在巨大物体附近的空间中,光路会发生偏转(曲线)。

对光传输建模的目的仅仅是为了处理信号传输时,在伽利略相对论中引入由狭义相对论引起的一级修正结果。这样,就可以将精度提高 β 量级,这里 $\beta = v/c$,其中 v 为所考虑坐标轴的惯性速度。在惯性空间中,光路是直线,信号以常值速度 c 传播(即忽略引力偏转)。

B.2 计算光时延

对于从对象 A 向对象 B 传输的信号,首先要考虑光时延,然后再考虑在 A

233

处接收的信号延迟。

B.2.1　从 A 到 B 的传输

假设惯性系 F 中,对象 A 的位置记为 R_A,对象 B 的位置记为 R_B,那么相对位置向量 r 定义为

$$r(t) = R_B(t + \Delta t) - R_A(t) \tag{B2}$$

式中,t 为从 A 发射的时间;$t + \Delta t$ 为在 B 接收的时间。光时延 Δt 也将取决于 t。记 $r = \| r \|$ 为对象之间的距离,则 $\Delta t = r/c$。

通常,对象 A 和 B 的位置已知,通过迭代计算 t 时刻的光时延。首先,假定一个 Δt 值(经常取为 0.0 或上一时刻计算的最终值),计算 $r(t)$。通过 r/c 可得新的 Δt 值,再计算 $r(t)$,如此迭代。当 Δt 的估值精度小于光时延收敛的容许误差时,迭代停止。一般情况下,收敛过程非常迅速,只需要几次迭代。

B.2.2　在 A 接收从 B 发送的信号

在这种情况下,相对位置向量表示为

$$r(t) = R_B(t - \Delta t) - R_A(t) \tag{B3}$$

式中,t 为 A 接收到信号的时间。利用 $r(t)$ 寻求 Δt 的过程与上述一样。

B.2.3　惯性系

在计算光时延时,惯性系的选择很重要,将影响结果。这是狭义相对论效应。记 F 和 F' 为两个平行的惯性系,v 为 F' 相对 F 的速度。在狭义相对论中,时间并不是绝对的,而是和坐标系相关:记 F 中的时间为 t,F' 中的时间为 t'。为简化起见,假设坐标系在 $t = 0$ 时是一致的,则关于这两个坐标系时间的 Lorentz 变换如下:

$$t' = \gamma \left(t - \boldsymbol{\beta} \frac{R}{c} \right) \tag{B4}$$

式中,R 为 F 中某点的位置向量(从 F 的原点起算),且

$$\boldsymbol{\beta} = \frac{v}{c}, \beta = \| \boldsymbol{\beta} \|, \delta = \sqrt{1 - \beta^2}, \gamma = \frac{1}{\delta} \tag{B5}$$

对于 F 中位置 R 处时间 t 发生的事件,F' 中对应的时间为 t',其值取决于 t 和 R。

考虑从对象 A 向对象 B 发射的情形,$t = 0$ 时 A 位于 F 的原点,B 在 $t = \Delta t$ 时接收到信号。发射时 t' 计算结果为 0。在 F 中,光时延 Δt 通过求解下式计算:

$$\| R_B(\Delta t) \| = c\Delta t \tag{B6}$$

应用 Lorentz 变换,接收时刻 t' 为

$$t' = \gamma\left(\Delta t - \boldsymbol{\beta} \cdot \frac{\boldsymbol{R}_\mathrm{B}}{c}\right) - \gamma\Delta t(1 - \hat{\boldsymbol{e}}_{R_\mathrm{B}} \cdot \boldsymbol{\beta}), \hat{\boldsymbol{e}}_{R_\mathrm{B}} = \frac{\boldsymbol{R}_\mathrm{B}}{c\Delta t} \tag{B7}$$

在 F' 中,光时延为

$$\Delta t' = \gamma\Delta t(1 - \hat{\boldsymbol{e}}_{R_\mathrm{B}} \cdot \boldsymbol{\beta}) \tag{B8}$$

令 β, γ 为 1.0,则两个坐标系之间,光时延计算结果的差值 δt 为

$$\delta t = \Delta t - \Delta t' = \Delta t(\hat{\boldsymbol{e}}_{R_\mathrm{B}} \cdot \boldsymbol{\beta}) \tag{B9}$$

$t = 0$ 时在 A 接收的情形类似,计算结果相同。

备注:惯性系的选择影响光时延 Δt 和视相对位置向量 $\boldsymbol{r}$ 的计算。

B.2.4　选择惯性系

大多数空间应用均涉及位于中心体附近的对象。将一个中心体与一个对象关联起来是很自然的。对于中心体附近的航天器运动建模,所用的惯性系自然是中心体惯性系(Central Body Inertial,CBI)。在计算光时延时,CBI 坐标系是惯性系的自然选择。

尽管认为 CBI 是计算光时延的更好的坐标系,但我们想确保其使用适合对即将到来的状况的物理特性进行建模。因此,在光时延计算开始时,要计算使用 CBI 和使用太阳系质心坐标系的差值 δt。如果差值小于光时延收敛误差,那么两个坐标系均可使用,获得的精度水平相同。之所以选择 CBI 坐标系,是因为其计算量较小。如果插值大于容许误差,就使用太阳系质心坐标系,一般情况下,这是惯性系更好的模型。

B.2.5　地球操作

对光时延收敛误差为 5×10^{-5}s(即 50μs)的情况,若对象位于地球表面附近和地球同步带之间,则会使用地球惯性系进行光时延计算。若对象距地球更远,则会使用太阳系质心坐标系。特别是,涉及到地—月距离对象的计算,将使用太阳系质心坐标系计算光时延。

B.2.6　信号路径

在惯性系 F 中执行的光时延计算可以确定 Δt 和 $\boldsymbol{r}$,进而可以对真实的信号传输(即 F 中的信号路径)进行建模。信号路径如下:

$$\text{从 A 发射 } t : s(t + \tau) = \boldsymbol{R}_\mathrm{A}(t) + c\tau\hat{\boldsymbol{e}}_\mathrm{r} \tag{B10}$$

在 A 接收 $t:s(t+\tau-\Delta t)=\boldsymbol{R}_{A}(t)+c(\Delta t-\tau)\hat{\boldsymbol{e}}_{r}$ （B11）

式中，$0<\tau<\Delta t,\tau=0$ 为发射时间；$\tau=\Delta t$ 为接收时间。视方向由下式给出：

$$\hat{\boldsymbol{e}}_{r}=\frac{\boldsymbol{r}}{r},r=\parallel\boldsymbol{r}\parallel,\boldsymbol{r}=\boldsymbol{R}_{B}(t+\sigma\Delta t)-\boldsymbol{R}_{A}(t) \quad (B12)$$

式中，Δt 为 F 中计算的光时延，$\sigma=1$ 为发射，$\sigma=-1$ 为接收。

B.3　光行差

光行差是由观察者自身的运动引起的感知的运动方向的改变。光行差的经典例子是关于雨中的两个人。一人是静止的，感知到雨以速度 $\boldsymbol{u}$ 直线下降；另一人以速度 $\boldsymbol{v}$ 沿地面行走。在这个行走的人的坐标中，雨的速度是 $\boldsymbol{u}-\boldsymbol{v}$（这是使用伽利略相对论计算的结果；根据狭义相对论计算的结果更为复杂，但结论是一致的）。该相对速度与垂线的夹角为

$$\varphi=\arctan\left(\frac{v}{u}\right) \quad (B13)$$

在技术领域，光行差通常是作为恒星或行星光行差来讨论的。当用光学望远镜看星时，首先要考虑恒星光行差，即所感知的光的方向改变。行星光行差通常指光时延和感知的光的方向改变两个效应的组合。在这两种情况下，观察者相对光路计算所在坐标系的速度都会产生光行差。

B.3.1　恒星光行差

通常情况下，星光被建模为充满太阳系的光，认为光在太阳系中直线运动。星实际的发射时间没有建模（比星自身的方向更不确定），所以不考虑光时延。但是，当观察者接收光时，由太阳系中观察者的运动导致的光行差必须计算，称为恒星光行差。从观察者到星的方向（考虑星运动和视差）记为 $\hat{\boldsymbol{e}}_{r}$，则考虑恒星光行差的星的视方向为

$$\widehat{\boldsymbol{P}}=\frac{\hat{\boldsymbol{e}}_{r}+\boldsymbol{\beta}}{\parallel\hat{\boldsymbol{e}}_{r}+\boldsymbol{\beta}\parallel},\boldsymbol{\beta}=\frac{\boldsymbol{v}}{c} \quad (B14)$$

式中，$\boldsymbol{v}$ 为观察者相对太阳系质心坐标系的速度。

B.3.2　年和日光行差

光行差的概念很简单，但其计算很复杂，取决于确定观察者相对 F 的速度 $\boldsymbol{v}$ 要考虑哪些因素。天文学家将不同因素的计算进行了划分，为每个因素的贡献

提炼了术语。术语"年光行差"是为了确定太阳系中观察者的中心体速度的贡献:

$$v = v_{cb} + v_{A/cb} \tag{B15}$$

式中,v_{cb} 为中心体相对太阳系质心坐标系的速度;$v_{A/cb}$ 为观察者 A 相对中心体的速度。当用 v_{cb} 而不是 v 来计算光行差时,只在合适的视相对位置考虑了年光行差的影响。

$v_{A/cb}$ 称为日光行差(除中心体运动以外,对 v 的贡献)。在有些技术领域,术语"日光行差"是指由中心体自身旋转产生的 $v_{A/cb}$ 贡献,其他术语用于描述其他的 $v_{A/cb}$ 贡献。

B.3.3　行星光行差

通常,行星光行差是两种影响的综合:光时延和恒星光行差(即由观察者运动引起的感知运动方向的变化)。给定 β,使用比较简单的伽利略公式可以正确计算出结果。

前面已经讨论了光时延,通过指定惯性系 F 执行计算,确定了计算光时延 Δt、视相对位置 r 和信号路径 s 的方法。现在考虑光行差的影响。

在事件时刻 t,考虑与观察者 A 一致的另一个惯性系 F',其常值速度 v 为 t 时刻观察者的速度。因为观察者的速度通常不为常值,所以在每个时刻 t,都要关联一个新的惯性系 F',称这些惯性系为 A 的随动惯性系。由 A 处观察者在时刻 t 感知的,但随 F' 一起运动(通过模拟 F 中的信号运动,然后将其转换到 F' 计算)的 B 相对于 A 的视位置为

$$r_p = r - \sigma \Delta t v = c \Delta t (\hat{e}_r - \beta) = R_B(t + \sigma \Delta t) - R_A(t) - \sigma \Delta t \dot{R}_A(t) \tag{B16}$$

式中,$\sigma = 1$ 表示对从 A 发射的信号建模,$\sigma = -1$ 表示对在 A 接收的信号建模。此外,r 为 B 相对于 A 的视相对位置,光路径距离 $r = c \Delta t$,$\beta = v/c$。

当光时延 Δt 很小时,为行星光行差的精确表达式(B16)构造一个可替代的近似表达式是可能的。将 R_B 按时间进行泰勒级数展开,可得

$$R_B(t + \sigma \Delta t) = R_B(t) + \sigma \Delta t \dot{R}_B(t) + \cdots \tag{B17}$$

将式(B17)代入式(B16),可得

$$r_p \doteq R_B(t) - R_A(t) + \sigma \Delta t \{ \dot{R}_B(t) - \dot{R}_A(t) \} \tag{B18}$$

同理,将 R_A 按时间进行泰勒级数展开,可得

$$R_A(t) = R_A(t + \sigma \Delta t) - \sigma \Delta t \dot{R}_A(t + \sigma \Delta t) + \cdots \tag{B19}$$

将式(B19)代入式(B16),可得

$$r_p \doteq R_B(t + \sigma \Delta t) - R_A(t + \sigma \Delta t) + \sigma \Delta t \{ \dot{R}_A(t + \sigma \Delta t) - \dot{R}_A(t) \} \tag{B20}$$

当式（B20）的最后一项表达式很小（若 Δt 小且 A 的加速度小，就会很小），则可进一步简化为

$$r_p \doteq \boldsymbol{R}_B(t + \sigma \Delta t) - \boldsymbol{R}_A(t + \sigma \Delta t) \tag{B21}$$

视方向的正确计算如下：

$$\hat{\boldsymbol{p}} = \frac{\hat{\boldsymbol{e}} - \sigma \boldsymbol{\beta}}{\parallel \hat{\boldsymbol{e}} - \sigma \boldsymbol{\beta} \parallel} \tag{B22}$$

这当然与在接收情形下为行星光行差的计算值一致。正确的视方向取决于仅通过 r 的 Δt。同时要注意，正确的视距离 r_p 与光路径距离 r 不同，并且发射和接收情况下的视距离也不同。这与狭义相对论中坐标系 F 和 F' 中的距离不同相一致。

B.4　光学测量

卫星位置的光学观测是通过在望远镜视场中测量卫星相对已知恒星的视位置。以这种方式收集的观测结果可用于确定卫星的轨道。这些观测是已经进行了恒星位置修正的结果。通常，这些修正包括恒星适当的运动影响和视差影响等。恒星坐标修正可选择包括由观察者运动引起的年光行差和日光行差。在恒星坐标计算中没有考虑的影响，必须在观测处理中单独考虑。例如，如果忽略了恒星位置日光行差，就需要在轨道确定中进行日光行差修正。无论对恒星目录的任何修正，轨道确定需考虑卫星在光从卫星到观察者的这段时间内的运动。

附录 C 发射器调制流程图

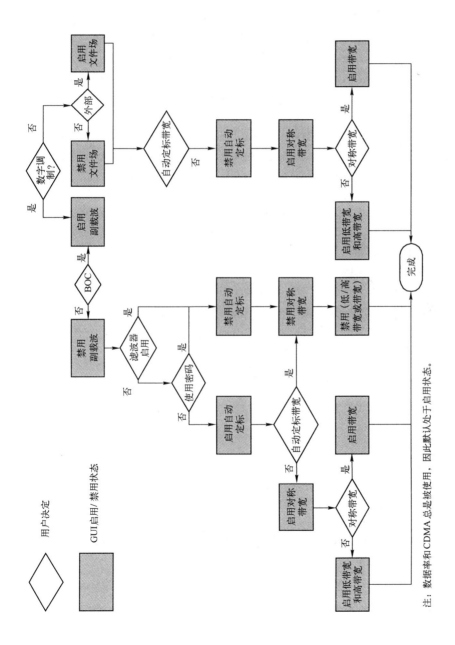

注：数据率和CDMA总是被使用，因此默认处于启用状态。

239

参 考 文 献

[1] Richardson, Douglas. 2011. *Space – Time Symposium*, opening plenary session, AAG, April 13.

[2] Aerospace Corporation. 2000. *Independent Verification and Validation (IV&V) for STK' s High – Precision Orbit Propagation and Coordinate Frame Transformations.*

[3] Analytical Graphics Inc. STK Comprehensive Course Work.

[4] Analytical Graphics Inc. AGI STK Help files.

[5] de Smith, Michael John, Michael F. Goodchild, and Paul A. Longley. 2006 – 2011. *Geospatial Analysis—A Comprehensive Guide.* 3rd ed. Matador on behalf of the Winchelsea Press.

[6] Longley, Paul A. , Michael F. Goodchild, David J. Maquire, and David W. Rhind. 2005. *Geographic Information Systems and Science.* 2nd ed. John Wiley & Sons.

[7] McNeil, Linda McNeil. 2011. White paper on Spatial Temporal Analytics, presented to the AAG Spatial Temporal Symposium.

[8] Roddick, John F. , John F. , Max Egenhofer, Erik Hoel, Dimitris Papadias, and Betty Salzberg. "Spatial, Temporal and Spatio – Temporal Databases—Hot Issues and Directions for PhD Research. " Retrieved electronically from http://www. cs. ust. hk/ ~ dimitris/PAPERS/ SIGREC04. pdf.

[9] Analytical Graphics, Inc. 2012. System' s Tool Kit Help file.

[10] Analytical Graphics, Inc. 2012. STK Comprehensive Training Manual.

[11] Arvidsson, F. , and A. Flycht – Eriksson. "OntologiesI. " 2008. http://www. ida. liu. se/ ~ janma/SemWeb /Slides/ontologies1. pdf.

[12] Celestrak.

[13] DeNicola, Antonio, Michele Missikoff, and Roberto Navigli. 2009. "A Software Engineering Approach to Ontology Building. "*Information Systems*(Elsevier) 34(2): 258 – 275. http://www. dsi. uniroma1. it/ ~ navigli/pubs/De_Nicola_Missikoff_Navigli_2009. pdf.

[14] Enderton, H. B. *A Mathematical Introduction to Logic*, 1st ed. San Diego, CA: Academic Press, 1972, p. 295. ISBN 978 – 0 – 12 – 238450 – 9; 2nd edition: 2001, ISBN 978 – 0 – 12 – 238452 – 3.

[15] Gruber, Thomas R. 1993. "A Translation Approach to Portable Ontology Specifications. " *Knowledge Acquisition*, 199 – 220.

［16］ Gruber, Thomas R. 1993. What Is Ontology? http：//www － ksl. stanford. edu/kst/what － is － an － ontology. html.

［17］ Gruber, Thomas R. 1995. "Toward Principles for the Design of Ontologies Used for Knowledge Sharing. "*International Journal of Human － Computer Studies*, 907 － 928.

［18］ McNeil, Linda. 2011. *Spatial Temporal Analytics*. AG Spatial Temporal symposium.

［19］ Mizoguchi, R. 2004. "Tutorial on Ontological Engineering, Part 3：Advanced Course of Ontological Engineering. "*New Generation Computing* (Ohmsha & SpringerVerlag) 22(2)：198 － 220.

［20］ Vallado, David A. , and T. S. Kelso. "Using EOP and Space Weather Data for Satellite Operation. "

［21］ Analytical Graphics, Inc. STK Comprehensive Manual.

［22］ Analytical Graphics, Inc. STK Help files.

［23］ McNeil, Linda. 2011. *Spatial Temporal Analytics*. AG Spatial Temporal symposium.

［24］ Analytical Graphics, Inc. ADF Administrator's Guide.

［25］ Analytical Graphics, Inc. STK Comprehensive Manual.

［26］ Analytical Graphics, Inc. STK Help Files.

［27］ Analytical Graphics, Inc. Working with an AGI Data Federate.

［28］ National Oceans and Atmospheric Administration. http：//www. ngs. noaa. gov/.

［29］ Analytical Graphics, Inc. STK Help Files.

［30］ National Geospatial － Intelligence Agency (NGA).

［31］ Analytical Graphics, Inc. STK Help Files.

［32］ Linda McNeil. 2011. *Spatial Temporal Analytics*. AG Spatial Temporal symposium.

［33］ Analytical Graphics, Inc. AGI. com.

［34］ Analytical Graphics, Inc. STK Help Files.

［35］ http：//www. agi. com/products/by － product － type/applications/stk/add － onmodules/ stk － solis/default. aspx.

［36］ http：//www. go － asi. com/software/stk － solis. html.

［37］ McNeil, Linda. 2011. *Spatial Temporal Analytics*. AG Spatial Temporal symposium.

［38］ *Summary Report, STK B － 747 Aircraft Type Model Development Validation and Verification Contract Final Report #2*. 2005. Saab Sensis Corporation.

［39］ Analytical Graphics, Inc. STK Help Files.

［40］ Kelso, T. S. http：Celestrak. com.

［41］ Analytical Graphics, Inc. Advanced STK Astrogator Training Manual, Applied Defense Solutions.

［42］ Analytical Graphics, Inc. STK Comprehensive Manual.

［43］ Analytical Graphics, Inc. STK Help Files.

［44］ Berry, Matt. 2006. "Using STK/Astrogator as a Graphical Programming Language for Planning. " AGI User Exchange.

[45] Carrico, John, and Emmet Fletcher. "Software Architecture and Use of Satellite Tool Kit's Astrogator Module for Libration Point Orbit Missions. " Analytical Graphics. http:// astro-gatorsguild. com/wp − content/papers/SoftwareArchitectureAndUse_Astrogator. pdf.

[46] Analytical Graphics, Inc. AGI. com

[47] Analytical Graphics, Inc. Communications Course.

[48] Analytical Graphics, Inc. STK Help Files.

[49] Analytical Graphics, Inc. STK Help Files

[50] McNeil, Linda. 2011. *Spatial Temporal Analytics*. AG Spatial Temporal symposium.

[51] Analytical Graphics, Inc. STK Help Files

[52] McNeil, Linda. 2011. *Spatial Temporal Analytics*. AG Spatial Temporal symposium.

[53] Analytical Graphics, Inc. Light Time Delay and Apparent Position. (PDF found in Help page from Access Help)

[54] Analytical Graphics, Inc. STK Help Files

[55] Coppola, Vincent. "Interplanetary Computations: Light Time Delay and Line of Sight. " AGI User Exchange. 2006.

[56] Kelso, T. S. Celestrak. com.

[57] http://www. russianspaceweb. com/phobos_grunt. html.

[58] http://celestrak. com/events/reentry/phobos − grunt. asp.

[59] http://www. agi. com/agiforum/messages. aspx? topicid = 772.

[60] http://www. agi. com/downloads/events/2011 − singapore − summit/STK − 10 − Overview. pdf.

[61] http://www. astro. ucla. edu/ ~ wright/deflection − delay. html.

[62] The Time tool (version 10) http://www. youtube. com/watch? v = JtSG8h − a − UQ&feature = related.

[63] Thorstensen, John. "Coordinates, Time and the Sky. " Department of Physics and Astronomy, Dartmouth College, Hanover, NH.

[64] Young, Andrew T. http://mintaka. sdsu. edu/GF/explain/atmos_refr/dip. html.

[65] Analytical Graphics, Inc. STK Help Files

[66] Analytical Graphics, Inc. Light Time Delay and Apparent Position. (PDF found in help page from Access Help).

[67] Analytical Graphics, Inc. STK Web Online Help System. http://www. agi. com/resources/help/ online/stk/source/stk/importfiles − 04. htm.

[68] http://www. agi. com/downloads/events/2011 − singapore − summit/STK − 10 − Overview. pdf

[69] McNeil, Linda. 2011. *Spatial Temporal Analytics*. Analytical Graphics. AAG Symposium.

[70] Analytical Graphics, Inc. STK Help Files.

[71] McNeil, Linda. 2011. *Spatial Temporal Analytics*. Analytical Graphics. AAG Symposium.

[72] Analytical Graphics, Inc. Communications Course.

[73] Analytical Graphics, Inc. Light Time Delay and Apparent Position. (PDF found in Help page from Access Help).

[74] Analytical Graphics, Inc. STK Help Files.

[75] http://cp. literature. agilent. com/litweb/pdf/5965 – 7160E. pdf.

[76] http://docwiki. cisco. com/wiki/Internetworking_Technology_Handbook.

[77] http://technav. ieee. org/tag/2758/digital – communication.

[78] http://www. agi. com/downloads/events/2011 – singapore – summit/STK – 10 – Overview. pdf.

[79] http://www. alionscience. com.

[80] http://www. complextoreal. com/tutorial. htm.

[81] http://www. fab – corp. com/pages. php? pageid = 2.

[82] http://www. intelsat. com/resources/tech – talk/eclipse – seasons. asp.

[83] McNeil, Linda. 2011. Spatial Temporal Analytics. Analytical Graphics. AAG Symposium.

[84] Analytical Graphics, Inc. STK Help Files.

[85] Kelso, T. S. http: Celestrak. com

[86] Tanygin, Sergei. Calculation Tool webinar.

[87] Tanygin, Sergei. Time Tool and Timeline View webinar.

[88] Tanygin, Sergei. Vector Geometry Tool. AGI User Exchange 2006.

[89] Permission granted by Analytical Graphics, Inc. , www. agi. com.

[90] Permission granted by Analytical Graphics, Inc. , www. agi. com

[91] Seidelmann, Ken, ed. 1992. *Explanatory Supplement to the Astronomical Almanac.*

[92] Permission granted by Analytical Graphics, Inc. www. agi. com. Permission Granted by Analytical Graphics, Incorporated